TOP' fiches

# BAC

**Première et Terminale STI**

Génie électronique



# Électronique analogique et numérique



**Daniel LE BOITÉ**

**Thierry SUATON**

HACHETTE Éducation

Couverture :
– conception : Laurent Carré
– réalisation : Graphir Design
Maquette : Joëlle Moreau    Mise en page et schémas : Jérôme Pagès





www.hachette-education.com
I.S.B.N. 2.01.18.0256.3

# SOMMAIRE

**Partie I : Outils mathématiques**



**Partie II : Composants et fonctions de l'électronique analogique**

**Partie III : Fonctions logiques combinatoires**



**Partie IV : Fonctions logiques séquentielles**



**Partie V : Fonctions logiques programmées**

# PARTIE I

# Outils mathématiques

# PARTIE I
# OUTILS MATHÉMATIQUES

# RAPPELS MATHÉMATIQUES

## I. Préfixes pour unités

| Préfixe | Symbole | Facteur |
|---|---|---|
| Giga | G | $10^9$ = 1 000 000 000 |
| Méga | M | $10^6$ = 1 000 000 |
| Kilo | k | $10^3$ = 1 000 |
| Milli | m | $10^{-3}$ = 0, 001 |
| Micro | µ | $10^{-6}$ = 0, 000 001 |
| Nano | n | $10^{-9}$ = 0, 000 000 001 |
| Pico | p | $10^{-12}$ = 0, 000 000 000 001 |

## II. Unités

Temps : s (seconde)
Tension : V (volt)
Résistance : Ω (ohm)
Capacité : F = $C.V^{-1}$ (farad)
Inductance : H = $Wb.A^{-1}$ (henry)
Puissance : W = $J.s^{-1}$ (watt)
Éclairement lumineux : Lx (lux)
Courant : A (ampère)
Charge : C = A.s (coulomb)
Fréquence : Hz = $s^{-1}$ (hertz)
Flux magnétique : Wb = V.s (weber)
Énergie : J = N.m (joule)
Force : N = $kg.m.s^{-2}$ (newton)

## III. Constantes utiles

| Nom | Symbole | Valeur |
|---|---|---|
| Vitesse de la lumière (dans le vide) | c | $3.10^8$ $m.s^{-1}$ |
| Charge électrique | $q_e$ | $1,6.10^{-19}$ C |
| Constante de Planck | h | $6,63.10^{-34}$ J.s |
| Constante de Boltzmann | k | $1,38^{-23}$ $J.K^{-1}$ |
| Perméabilité du vide | $\mu_0$ | $4.\pi.10^{-7}$ $H.m^{-1}$ |
| Permittivité du vide | $e_0$ | $8,85.10^{-12}$ $F.m^{-1}$ |

## IV. Température

La température peut s'exprimer en degré Celsius (C), Kelvin (K) ou Fahrenheit (F). Les formules de passage d'une unité à l'autre sont :

$$T(F) = 1,8 \times T(C) + 32 \qquad T(K) = T(C) + 273,15.$$

## V. Dérivées / Primitives (pour des fonctions où $t$ est la variable)

| Dérivée | Primitive | Dérivée | Primitive |
|---|---|---|---|
| K (constante) | $K \times t$ | $1 / t$ | $\ln \|t\|$ |
| $t^n$ ; $n$ entier relatif $\neq 1$ | $\frac{t^{n+1}}{n+1}$ | $\cos \omega t$ | $(\sin \omega t) / \omega$ |
| | | $\sin \omega t$ | $-(\cos \omega t) / \omega$ |

## VI. Trigonométrie

$\cos^2\omega t + \sin^2\omega t = 1$

$\cos \omega t = \frac{e^{j\omega t} + e^{-j\omega t}}{2}$ $\quad$ $\cos^2\omega t = \frac{1}{2} + \frac{\cos 2\omega t}{2}$

$\sin \omega t = \frac{e^{j\omega t} - e^{-j\omega t}}{2j}$ $\quad$ $\sin^2\omega t = \frac{1}{2} - \frac{\cos 2\omega t}{2}$

$\cos(a + b) = \cos a.\cos b - \sin a.\sin b$ $\quad$ $\sin(a + b) = \sin a.\cos b + \cos a.\sin b$

$\cos(a - b) = \cos a.\cos b + \sin a.\sin b$ $\quad$ $\sin(a - b) = \sin a.\cos b - \cos a.\sin b$

$\cos(\omega t + \pi) = -\cos \omega t$ $\quad$ $\sin(\omega t + \pi) = -\sin \omega t$

$\cos(\omega t + \pi/2) = -\sin \omega t$ $\quad$ $\sin(\omega t + \pi/2) = \cos \omega t$

## VII. Les nombres complexes

$z = a + jb$ ; $|z| = \sqrt{a^2 + b^2}$ ; $\arg(z) = \theta = \text{arctg}(b/a)$ ; $z = |z|e^{j\theta}$ ; $j^2 = -1$.

## VIII. Logarithmes et exponentielles

$\ln 1 = 0$ $\quad$ $\ln(1/a) = -\ln a$ $\quad$ $\ln(a.b) = \ln a + \ln b$

$\ln(a/b) = \ln a - \ln b$ $\quad$ $\ln(a^n) = n.\ln a$

$e^0 = 1$ $\quad$ $e^1 = e = 2{,}718...$ $\quad$ $e^{-a} = 1/e^a$

$(e^a)^n = e^{na}$ $\quad$ $e^{(a+b)} = e^a \times e^b$ $\quad$ $e^{(a-b)} = e^a/e^b$

$\ln(e^a) = e^{\ln a} = a$

## IX. Équations différentielles

- Les solutions de l'équation différentielle $\tau.f'(t) + f(t) = 0$ (où $\tau$ est une constante) sont :

$f(t) = k \times e^{-t/\tau}$ où $k$ est une constante trouvée en connaissance de $f(t = 0)$.

*Exemple :* si $f(t = 0) = V_0$, alors $f(t) = V_0 \times e^{-t/\tau}$

- Les solutions de l'équation différentielle $\tau.f'(t) + f(t) = E$ (où $\tau$ est une constante) sont :

$f(t) = E + k \times e^{-t/\tau}$ où $k$ est une constante trouvée en connaissance de $f(t = 0)$.

*Exemple :* si $f(t = 0) = 0$, alors $f(t) = E \times (1 - e^{-t/\tau})$

# I. Tension / Courant / Puissance

## 1. Tension

La tension entre deux points d'un circuit est représentative de la **différence de potentiel** entre ces deux points :

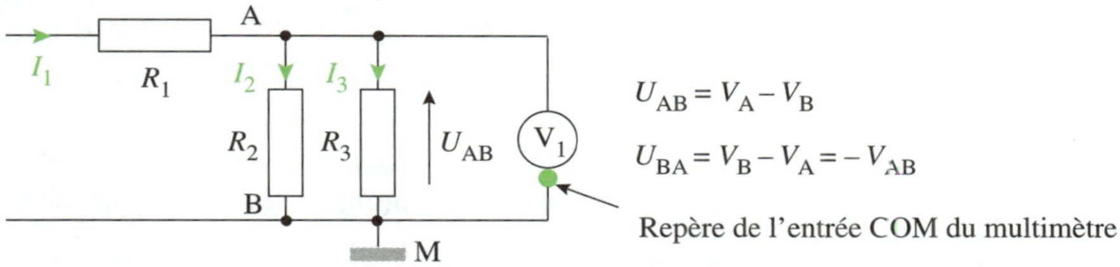


Si on appelle M l'équipotentielle de masse, $V_{AM}$ représente le potentiel entre le point A et la masse ($V_A = V_{AM}$).
Une tension s'exprime en volt (V).
**Mesure :** voltmètre en parallèle ($V_1$ mesure $U_{AB} = V_A$).

## 2. Courant

Le courant circulant dans un circuit est représentatif de la quantité d'électricité circulant dans ce circuit (**Intensité électrique**).

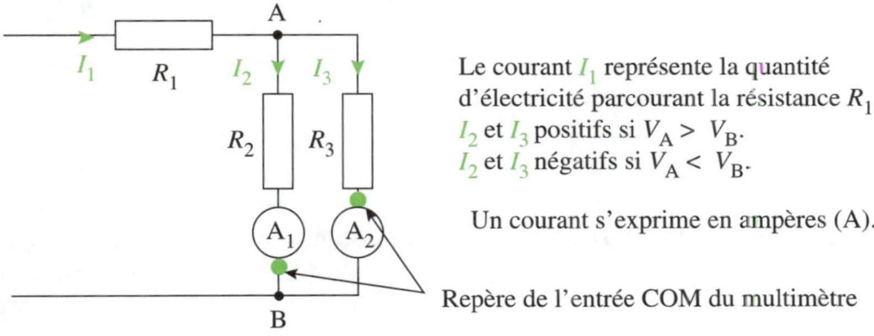


**Mesure :** ampèremètre en série. $A_1$ mesure $I_2$, $A_2$ mesure $-I_3$.

## 3. Propriétés

- Branche série : même intensité dans toute la branche.
- Branches en parallèles (dérivation) : même ddp aux bornes des branches.

### 4. Puissance

Par définition, la puissance est l'énergie absorbée ou fournie, par unité de temps, par un circuit ou une portion de circuit.
La puissance s'exprime en fonction de $U$ et de $I$ : $P = U \times I$.
Une puissance s'exprime en watt (W).

Quand un élément fournit de l'énergie, on flèche $V$ et $I$ dans le même sens (convention générateur).

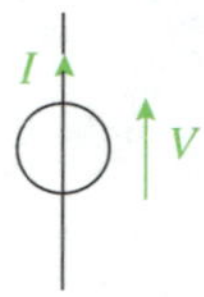


Quand un élément consomme de l'énergie, on flèche $V$ et $I$ dans le sens inverse (convention récepteur).

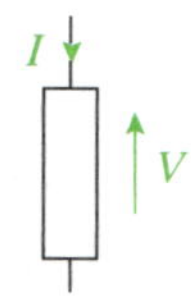


Le rendement d'un montage électrique se définit par : $\eta = \frac{P_{utilisée}}{P_{absorbée}}$.

## II. Évolution dans le temps

### 1. Les différents régimes

• Régime continu

*Défini par :* sa valeur (amplitude) : $I$.
*Mesure :* multimètre en position DC.

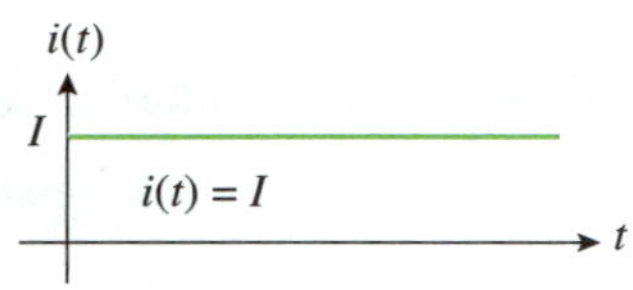


• Régime périodique

*Défini par :* – sa valeur minimale : $U_m$ ;
– sa valeur maximale : $U_M$ ;
– sa valeur crête à crête : $U_{cc}$ ;
– sa période $T$ (en s) ;
– sa fréquence $f$ (en Hz) ($f = 1/T$).
*Visualisation* : oscilloscope.
*Mesure de la valeur moyenne :* multimètre en position DC.
*Mesure de la valeur efficace :* multimètre en position AC.

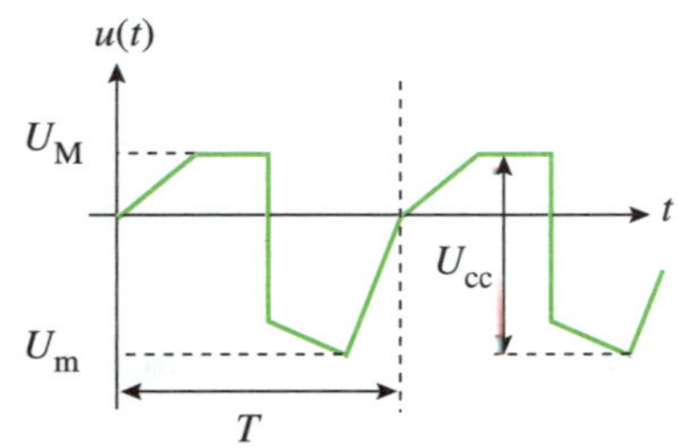


• Régime périodique sinusoïdal

Défini par :
– son amplitude : $U_M$ ;
– sa fréquence $f$ et sa période $T$ ;
– sa pulsation $\omega = 2\pi f$ (en radian/sec) ;
– sa valeur efficace : $U_{eff} = U_M / \sqrt{2}$.

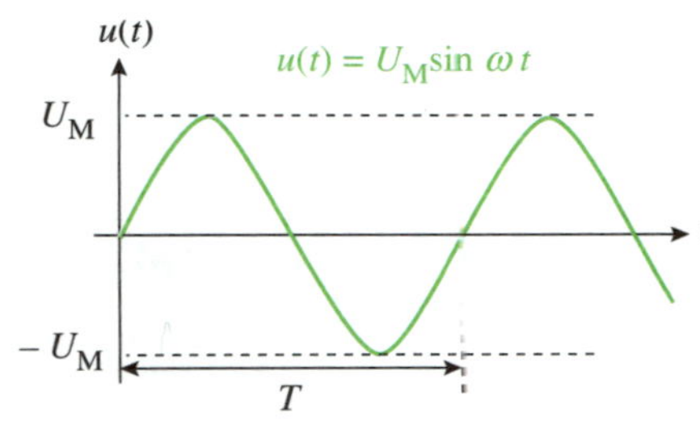

- Régime périodique rectangulaire

Défini par :
– sa valeur minimale : $U_m$ ;
– sa valeur maximale : $U_M$ ;
– son rapport cyclique : $\alpha = t_n / T$ ;
Pour un signal carré $\alpha = 0{,}5$ ($t_n = T/2$).

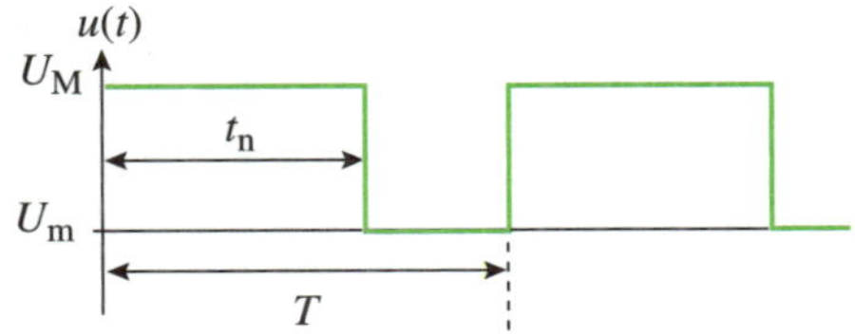


- Les autres régimes périodiques

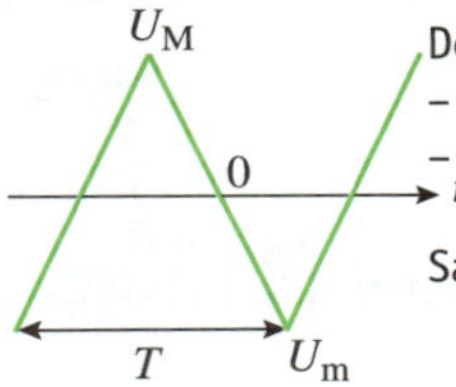


Défini par :
– sa valeur max : $U_M$
– sa valeur min : $U_m$

Sa pente = $\dfrac{U_M - U_m}{T/2}$

Signal triangulaire

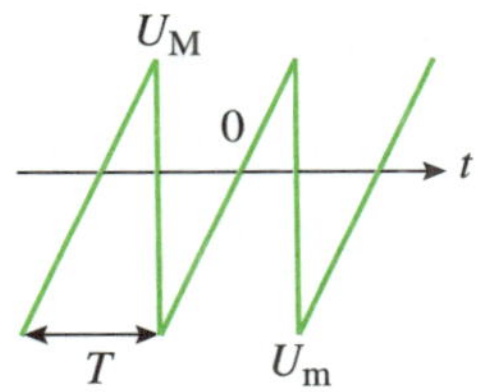


Défini par :
– sa valeur max : $U_M$
– sa valeur min : $U_m$

Sa pente = $\dfrac{U_M - U_m}{T}$

Signal dent de scie

## 2. Propriétés

- Composante continue des régimes périodiques (offset)

Elle permet de décaler le signal vers le haut ou vers le bas :

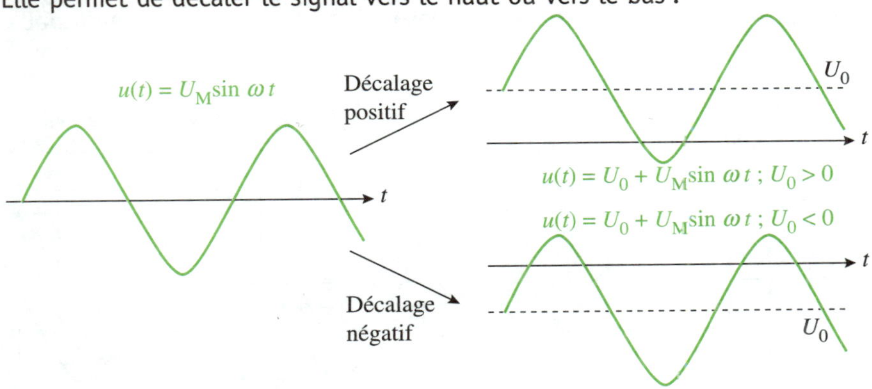


- Modifier l'offset d'un générateur de tension

En ajoutant (en série) un générateur de tension continue au générateur de tension périodique.

$$u(t) = U_0 + u_e(t) = U_0 + V.\sin\omega t.$$

En modifiant l'offset du générateur de tension (exemple : le GBF).

Visualiser une tension périodique avec son offset : oscilloscope en position DC.

Visualiser une tension périodique sans son offset : oscilloscope en position AC.

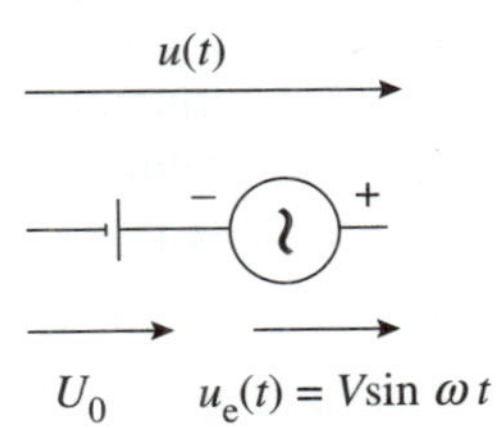

- Temps de montée et de descente (rise time : $t_r$ ; fall time : $t_f$) (voir aussi *fiche* 43.VII)

**Le temps de montée** se définit comme étant le temps que met le signal pour passer de 10 % à 90 % de l'écart entre les valeurs haute et basse.

**Le temps de descente** se définit comme étant le temps que met le signal pour passer de 90 % à 10 % de l'écart entre les valeurs haute et basse.

- Calcul de déphasage à l'oscilloscope (méthode des 9 carreaux)

$v_1(t) = 6 \sin\omega t$ $v_2(t) = 6 \sin(\omega t + \varphi)$

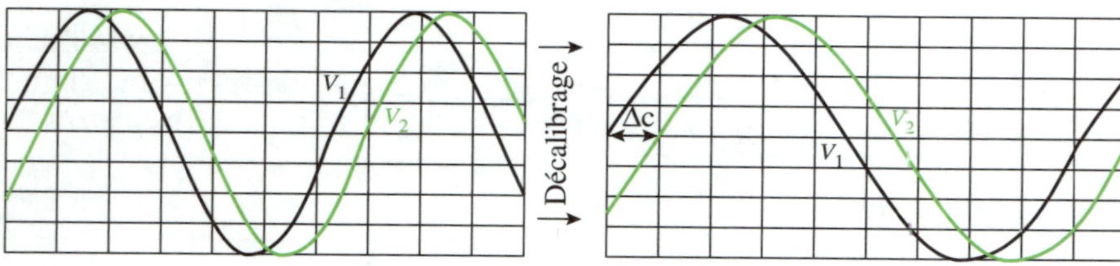


Base de temps : 1 ms/div
Calibre pour $V_1$ et $V_2$ : 2 V/div

Base de temps : décalibrée
Calibre pour $V_1$ et $V_2$ : 2 V/div

$\varphi$ se mesure en :
– décalibrant la base de temps de l'oscilloscope afin que une période de $V_1$ tienne sur 9 carreaux* ;
– mesurant l'écart (en carreaux) entre les deux signaux : $\Delta c$ ;
– $\varphi = \Delta c \times 40°$.

$\varphi < 0$ si $V_2$ est en retard sur $V_1$ (comme c'est le cas dans l'exemple ci-dessus).
$\varphi > 0$ si $V_2$ est en avance sur $V_1$ .

Le signal $v_3(t) = V.\cos\omega t$ est en avance de 90° sur le signal $v_1(t) = V.\sin\omega t$ :

$$v_3(t) = V.\cos\omega t = V.\sin(\omega t + \pi/2).$$

*Remarque : On peut aussi faire tenir une demi période sur 9 carreaux.

Dans ce cas $\Delta c = 20°$.

Les lois seront illustrées sur ce schéma :

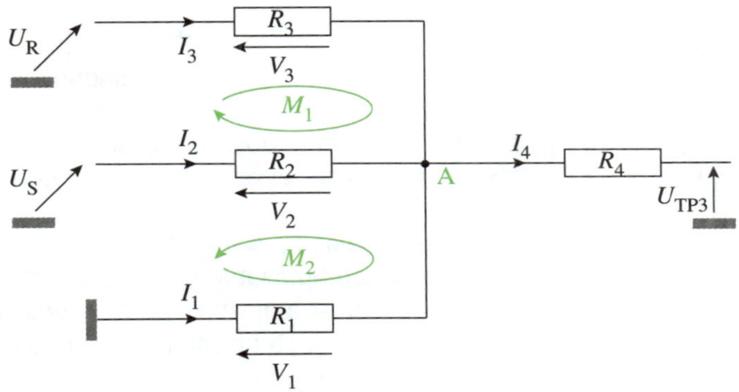


## I. Loi des nœuds

Dans un circuit, la somme des courants arrivant à un nœud est égale à la somme des courants qui en repartent.

Au point ***A*** : $I_1 + I_2 + I_3 - I_4 = 0$.

## II. Loi des mailles

Dans un circuit, si on considère une **maille orientée**, la **somme des tensions** formant cette maille est **égale à zéro**.

Dans cette somme, les tensions fléchées dans le sens de l'orientation de la maille sont comptées *positivement* et celles fléchées en opposition, sont comptées *négativement*.

Pour la maille **Maille $M_1$ :** $-V_3 + V_2 - U_S + U_R = 0$.

Pour la maille **Maille $M_2$ :** $V_2 - U_S - V_1 = 0$.

## III. Loi du pont diviseur de tension

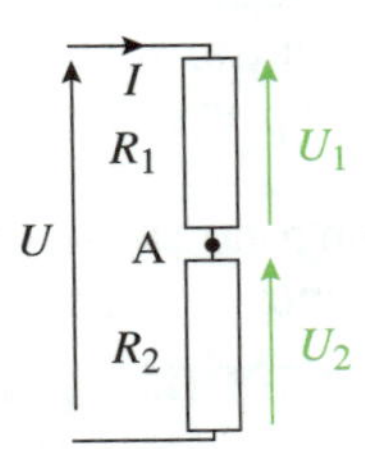


On a :

$$U_1 = \frac{U \times R_1}{R_1 + R_2}$$

et :

$$U_2 = \frac{U \times R_2}{R_1 + R_2}$$

Attention, utilisable si aucun départ de courant en A.

## IV. Théorème de superposition

Dans un montage à $n$ sources de tension ($E_1$ à $E_n$), si on veut déterminer la valeur d'un potentiel ou d'une différence de potentiel quelconque du montage, il suffit :

**a)** De calculer la valeur de ce potentiel en ne prenant en compte que la source $E_1$, les $n - 1$ sources restantes étant éteintes.

**b)** Répéter cette opération pour chaque source de tension ($n$ calculs).

**c)** Ajouter toutes les valeurs des potentiels calculées en **a)** et **b)**.

## V. Théorème de Millman

Ce théorème peut s'appliquer en n'importe quel nœud d'un circuit électrique, permettant de déterminer le potentiel en ce nœud.
Il suffit de prendre en compte toutes les branches qui partent de ce nœud.
Exemple, au point A :

$$\frac{\frac{U_R}{R_3} + \frac{U_S}{R_2} + \frac{U_{TP3}}{R_4}}{\frac{1}{R_3} + \frac{1}{R_2} + \frac{1}{R_4} + \frac{1}{R_1}} = V_A$$

Branche de $I_2$ ; Branche de $I_4$ ; Branche de $I_3$ ; Branche de $I_1$

## VI. Générateurs de Thévenin / Norton

• Pour déterminer la valeur du générateur de Thévenin ($E_{th}$) entre deux points A et B d'un montage, on considère le montage à vide (sans charge). On calcule ensuite la valeur de la différence de potentiel $U_{AB}$ entre les points A et B en utilisant les lois et les théorèmes de l'électronique. $E_{th} = U_{AB}$ (à vide)

• Pour déterminer la valeur de la résistance équivalente de Thévenin, on considère le groupement de résistors vu des points A et B, en éteignant toutes les sources de tension et de courant. On calcule ensuite la résistance équivalente Requ de ce groupement. $R_{th} = R_{A\text{-}B}equ$

**Générateur de Thévenin**

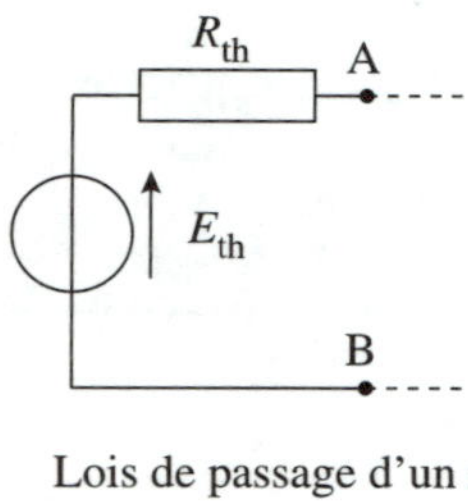


**Générateur de Norton**

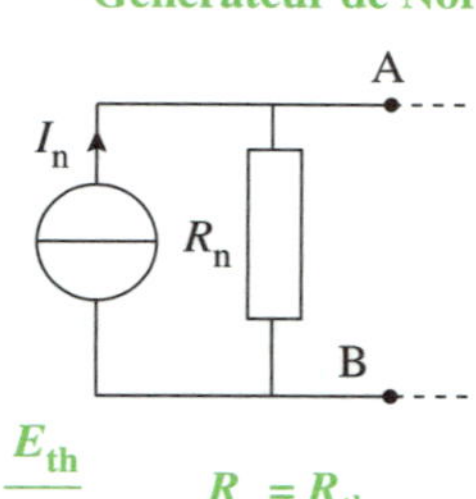


Lois de passage d'un montage à un autre $I_n = \frac{E_{th}}{R_{th}}$ $R_n = R_{th}$

# I. Représentation d'un nombre

## 1. Notation

D'une façon générale tout nombre de base b s'écrit ainsi :

| $N_b$ | ... | $a_3$ | $a_2$ | $a_1$ | $a_0$ |
|---|---|---|---|---|---|
| **Rang du chiffre** | ... | 3 | 2 | 1 | 0 |
| **Poids du chiffre** | ... | $b^3$ | $b^2$ | $b^1$ | $b^0$ |

Par convention d'écriture, la valeur de ce nombre est :

$$N_b = \dots\ a_3 \times b^3 + a_2 \times b^2 + a_1 \times b^1 + a_0 \times b^0$$

## 2. Chiffres dans les bases utilisées en électronique

Base 2 (binaire) : 0, 1
Base 10 (décimale) : 0, 1, 2, 3, 4, 5, 6, 7, 8, 9
Base 16 (hexadécimale) : 0, 1, 2, 3, 4, 5, 6, 7, 8, 9, A, B, C, D, E, F

## 3. Correspondance entre les premiers nombres de ces bases

| **Base** | | |
|---|---|---|
| **2** | **16** | **10** |
| 0000 | 0 | 0 |
| 0001 | 1 | 1 |
| 0010 | 2 | 2 |
| 0011 | 3 | 3 |
| 0100 | 4 | 4 |
| 0101 | 5 | 5 |
| 0110 | 6 | 6 |
| 0111 | 7 | 7 |

| **Base** | | |
|---|---|---|
| **2** | **16** | **10** |
| 1000 | 8 | 8 |
| 1001 | 9 | 9 |
| 1010 | A | 10 |
| 1011 | B | 11 |
| 1100 | C | 12 |
| 1101 | D | 13 |
| 1110 | E | 14 |
| 1111 | F | 15 |

## 4. Indices utilisés pour représenter la base

Base 2 (binaire) : 2 ou b $10110100010_2$
Base 10 (décimale) : 10 ou d $414_{10}$
Base 16 (hexadécimale) : 16 ou h $B600_{16}$

## II. Transcodage

Il consiste à passer de l'écriture dans une base à une autre.

Exemples

**2 ⇒ 10**

$N = 1011010001_2$

$N = 1 \times 2^9 + 0 \times 2^8 + 1 \times 2^7 + 1 \times 2^6 + 0 \times 2^5 + 1 \times 2^4 + 0 \times 2^3 + 0 \times 2^2 + 0 \times 2^1 + 1 \times 2^0$

$N = 721_{10}$

> Chaque chiffre est multiplié par son poids, le nombre en base 10 est obtenu en faisant la somme de ces produits.

**16 ⇒ 10**

$N = BC5F_{16}$

$N = 11 \times 16^3 + 12 \times 16^2 + 5 \times 16^1 + 15 \times 1$

$N = 11 \times 4096 + 12 \times 256 + 5 \times 16 + 15 \times 1$

$N = 48223_{10}$

**2 ⇒ 16**

$N = \underbrace{1\,0\,1}_{5}\ \ \underbrace{1\,1\,0\,1}_{D}\ \ \underbrace{0\,1\,0\,0}_{4}\ \ \underbrace{0\,1\,0\,1_2}_{5_{16}}$

$N = \ 5 \quad D \quad 4 \quad 5_{16}$

> Les groupements se font par 4 chiffres de la base 2 en commençant par la droite. Ensuite chaque groupement est remplacé par son équivalent en base 16.

**16 ⇒ 2**

$N = \ 2 \quad 6 \quad F \quad C_{16}$

$N = \overbrace{0\,0\,1\,0}^{2}\ \ \overbrace{0\,1\,1\,0}^{6}\ \ \overbrace{1\,1\,1\,1}^{F}\ \ \overbrace{1\,1\,0\,0_2}^{C_{16}}$

> Chaque chiffre de la base 16 est remplacé par son équivalent en base 2.

**10 ⇒ 2**

$N = 2\,3\,7_{10}$

237 ÷ 2 = 118, reste 1
118 ÷ 2 = 59, reste 0
59 ÷ 2 = 29, reste 1
29 ÷ 2 = 14, reste 1
14 ÷ 2 = 7, reste 0
7 ÷ 2 = 3, reste 1
3 ÷ 2 = 1, reste 1
1 ÷ 2 = 0, reste 1

Sens de lecture (du dernier reste vers le premier)

$N = 11101101_2$

> Le nombre en base 10 est divisé successivement par 2. Le nombre en base 2 est constitué par les restes des divisions, la lecture s'effectuant du dernier reste vers le premier.

## III. Nombres de l'électronique

En électronique numérique ou programmée (nombres entiers), les nombres ont un nombre de chiffres défini à l'avance par le schéma ou le programme. Ceci a des répercussions sur les valeurs minimum et maximum du nombre et sur la façon de compter.

### 1. Nombres minimum et maximum

Le nombre binaire le plus petit s'écrit alors lorsque tous ses chiffres sont à 0 et le nombre le plus grand lorsque tous ses chiffres sont à 1. Exemple pour un nombre à 8 bits :

Mini : $00000000_2 = 0_{10} = 0_{16}$ Maxi : $11111111_2 = 255_{10} = FF_{16}$

### 2. Comptage modulo N

Les opérations de comptage, qu'elles soient électroniques ou programmées, sont quasiment toujours des opérations modulo N : le nombre venant après N – 1 est 0.

Exemple d'un nombre à 8 bits donc de modulo 256 : ... 253, 254, 255, 0, 1, ...

En somme, après le plus grand nombre vient le plus petit !

### 3. Comptage en base 16

Pour compter en base 16, il faut absolument se souvenir des chiffres de la base 16 (le chiffre qui suit 9 est A !). Exemples :

... →0199 →019A →019B →019C →019D →019E →019F →01A0 →01A1 ...

... →01F9 →01FA →01FB →01FC →01FD →01FE →01FF →0200 →0201...

### 4. Autres opérations

Les opérations se font de la même manière dans toutes les bases. Cependant, une opération dont le résultat n'est pas compris entre les nombres mini et maxi produit ce qui s'appelle un *dépassement de capacité (overflow* en anglais*)*. Dans ce cas le circuit ou le programme génère une *retenue* qui pourra être utilisée.

## IV. Binaire signé en complément à 2 (CPL2)

Cette convention permet d'écrire des nombres pouvant prendre des valeurs positives et négatives. Le bit de poids fort est utilisé pour le signe, il vaut $-2^R$ (*R* est le rang du bit de poids fort), il vaut – 128 par exemple pour un nombre à 8 bits.

Exemples : $10001011_{CPL2} = -117_{10}$ $11100100_{CPL2} = -28_{10}$

$00011100_{CPL2} = +28_{10}$ $10000000_{CPL2} = -128_{10}$

### 1. Nombre minimum et maximum en CPL2

Le nombre le plus petit s'écrit lorsque son chiffre de poids fort est à 1 et les autres à 0, le nombre le plus grand lorsque son chiffre de poids fort est à 0 alors que les autres sont à 1.

Exemple pour un nombre à 8 bits :

Mini : $10000000_{CPL2} = -128_{10}$ Maxi : $01111111_{CPL2} = +127_{10}$

### 2. Négation en CPL2

Elle s'obtient en ajoutant 1 au complément du nombre binaire CPL2.

### 3. Autres opérations sur les nombres en complément à 2

Elles se conduisent comme les opérations sur les nombres non signés, sans se soucier du signe pour l'incrémentation, la décrémentation, l'addition et la soustraction. Une opération en CPL2 est valide si le résultat est compris entre le mini et le maxi.
**Attention** : les mini et maxi en CPL2 et en binaire naturel sont différents.

## V. Notation BCD

Cette notation est utilisée pour manipuler des nombres destinés à une *interface homme/machine* (lecture sur des roues codeuses, affichage) dans un système relativement simple.
Dans ce mode de représentation, on associe à chaque chiffre d'un nombre décimal son écriture binaire à quatre bits. Le mot résultant est la suite ordonnée de tous ces bits.
Exemple :

$$2\,3\,5\,1_{10}$$

$$0010\ 0011\ 0101\ 0001_{BCD}$$

Attention : l'écriture en base 2 et celle en BCD ne sont pas équivalentes.

## VI. Binaire réfléchi / Code GRAY

Ce code n'est pas pondéré, c'est un inconvénient. Avec le code GRAY, deux nombres successifs ne diffèrent jamais que de la valeur d'un seul bit, les aléas de fonctionnement sont donc impossibles et c'est un avantage. Pour cette propriété le code GRAY est utilisé dans les codeurs de position absolus et pour construire les tableaux de Karnaugh.
Un aléa de fonctionnement peut se produire dès que deux variables doivent changer simultanément d'état ce qui est impossible dans la réalité.

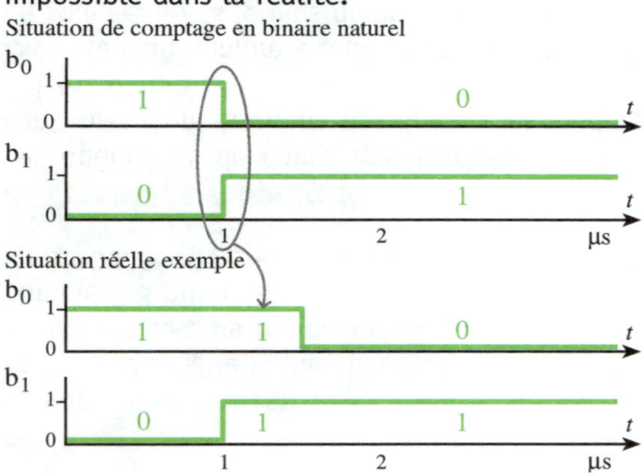


| $b_3$ | $b_2$ | $b_1$ | $b_0$ | N |
|---|---|---|---|---|
| 0 | 0 | 0 | 0 | 0 |
| 0 | 0 | 0 | 1 | 1 |
| 0 | 0 | 1 | 1 | 2 |
| 0 | 0 | 1 | 0 | 3 |
| 0 | 1 | 1 | 0 | 4 |
| 0 | 1 | 1 | 1 | 5 |
| 0 | 1 | 0 | 1 | 6 |
| 0 | 1 | 0 | 0 | 7 |
| 1 | 1 | 0 | 0 | 8 |
| 1 | 1 | 0 | 1 | 9 |
| 1 | 1 | 1 | 1 | 10 |
| 1 | 1 | 1 | 0 | 11 |
| 1 | 0 | 1 | 0 | 12 |
| 1 | 0 | 1 | 1 | 13 |
| 1 | 0 | 0 | 1 | 14 |
| 1 | 0 | 0 | 0 | 15 |

Pour écrire la suite des nombres du code GRAY, il suffit d'observer la construction de la première colonne (1 × 0, 2 × 1, 2 × 0...) et de poursuivre ainsi pour les autres colonnes. Le nombre de colonnes dépend de l'application.

# VALEURS MOYENNE ET EFFICACE

## I. Valeur moyenne

### 1. Expression mathématique

$$< S > = \bar{s} = \frac{1}{T}\int_0^T s(t)\,dt$$

La valeur moyenne d'une tension ou d'un courant n'existe que pour des courants ou des tensions périodiques.

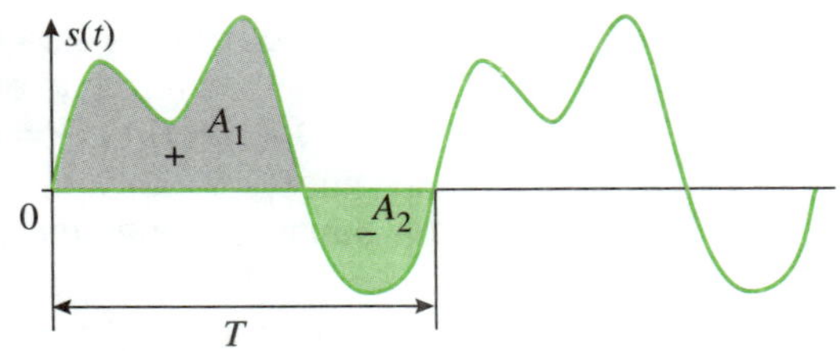


La valeur moyenne est en fait la somme des aires $A_1$ et $A_2$ :

$< S > = (A_1 - A_2) / T$

### 2. Valeur moyenne de signaux périodiques typiques

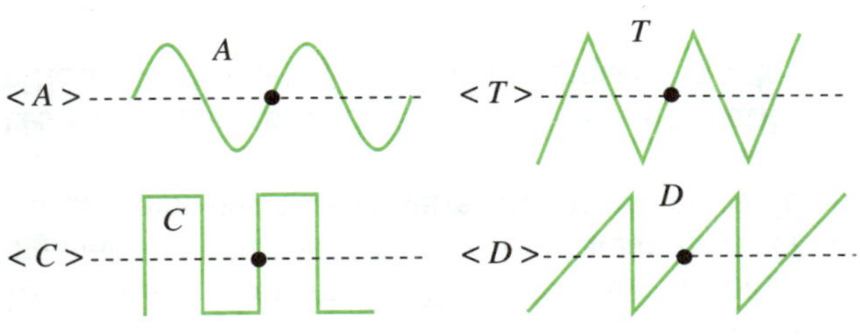


$$< S > = \frac{(S_M - S_m)}{2}$$

Pour un signal rectangulaire, la relation ci-dessus n'est vraie que si le rapport cyclique est égal à 0,5.

## II. Valeur efficace

### 1. Expression mathématique

$$s_{eff} = \sqrt{\frac{1}{T}\int_0^T s^2(t)\,dt}$$

### 2. Valeur efficace de signaux périodiques typiques

Pour un signal sinusoïdal $s(t) = A.\sin(\omega t)$, $s_{eff} = \dfrac{A}{\sqrt{2}}$.

Pour un signal rectangulaire centré sur 0 ($C_M = -C_m$), on a $C_{eff} = C_M$.
Et ceci, quel que soit le rapport cyclique.

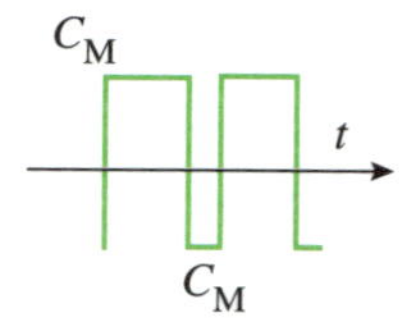


## III. Mesure des valeurs moyenne et efficace

Les voltmètres en mode DC (mesure en continu), qu'ils soient analogiques à aiguille ou numériques mesurent la valeur moyenne de la tension. Il en est bien sûr de même des ampèremètres utilisés en mode DC pour la mesure des courants.

Les voltmètres en mode AC (mesure en alternatif), s'ils sont qualifiés « Mesure efficace vraie » ou « True RMS » indiquent la valeur efficace.

## IV. Analogie avec le calcul de puissance

- La puissance instantanée a pour expression :

$$p(t) = u(t) \times i(t).$$

- Pour des signaux périodiques, la puissance moyenne est alors :

$$< P > = \frac{1}{T}\int_0^T u(t).i(t)\mathrm{d}t.$$

- Exemple de calcul pour un résistor :

Si $u(t) = V.\sin\omega t$, alors $i(t) = \dfrac{u(t)}{R} = \dfrac{V}{R}\sin\omega t$.

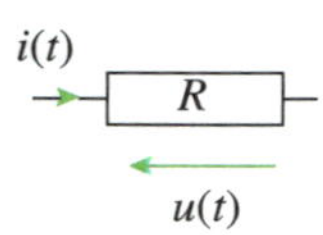


$$< P > = \frac{1}{T}\int_0^T u(t).i(t)\mathrm{d}t = \frac{1}{T}\int_0^T V\sin(\omega t)\times\frac{V}{R}\sin(\omega t)\,\mathrm{d}t$$

$$< P > = \frac{1}{R\,T}\int_0^T u(t)^2\,\mathrm{d}t = \frac{V^2}{2R}.$$

# ONDES ÉLECTROMAGNÉTIQUES

## I. Propriété d'une onde électromagnétique

### 1. Célérité de la lumière dans le vide

La célérité est la vitesse de propagation d'une onde dans un milieu.

La célérité de toute onde électromagnétique dans le vide est :

$C_0 = 300\ 000$ km/s $= 3.10^8$ m/s (vitesse de la lumière).

### 2. Vitesse de la lumière dans un matériau ($C_M$)

$$C_M = \frac{C_0}{\sqrt{\varepsilon_R}},$$

$\varepsilon_R$ est la permittivité relative du matériau par rapport à celle du vide.

### 3. Relation longueur d'onde ($\lambda$) / célérité ($C_M$) / fréquence ($f$)

$$\lambda = \frac{C_M}{f} \text{ (en mètres).}$$

## II. Spectre électromagnétique

Une onde a pour caractéristique essentielle sa fréquence (ou sa longueur d'onde).

Un rayonnement peut être la superposition de plusieurs ondes sinusoïdales de fréquences différentes. Tout rayonnement peut être décomposé en ses fréquences composantes. Le spectre est la qualification du rayonnement :

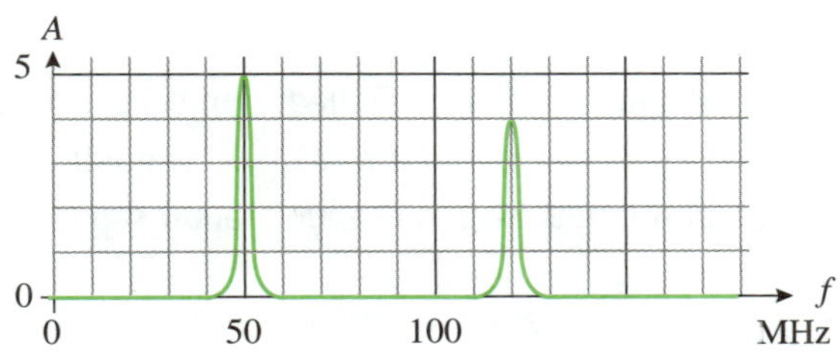


Le rayonnement A est constitué d'une composante à 50 MHz d'amplitude 5 et une autre à 120 MHz d'amplitude 4.

## III. Classification des gammes d'ondes électromagnétiques

Les ondes électromagnétiques peuvent théoriquement avoir des fréquences allant de 0 Hz à l'infini. Toute cette étendue a été découpée en bandes de fréquences qui ont reçu des noms suivant l'usage que nous en faisons ou leurs propriétés :

- ondes radio (grandes ondes, ondes courtes, micro-ondes)
- rayonnement infrarouge, visible, ultraviolet, X…

Que l'on peut placer dans un repère gradué en fréquences et longueurs d'ondes :

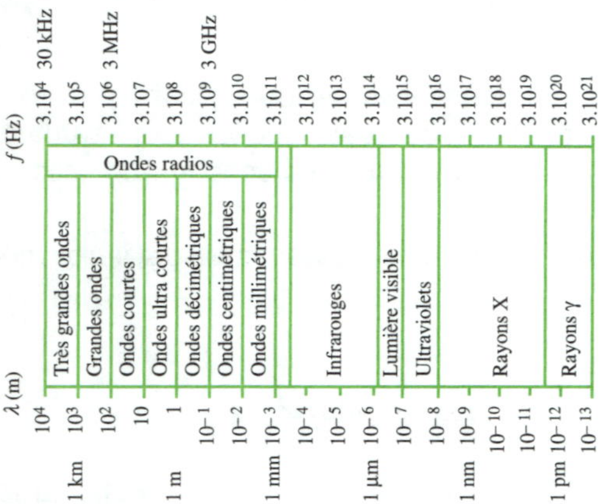


La plage des radiations visibles par l'œil humain apparaît ainsi bien étroite par rapport à toute l'ampleur du spectre électromagnétique qui s'étend encore de part et d'autre de ce repère.

Comme de nombreux problèmes de l'électronique sont liés à l'émission ou à l'analyse de lumières colorées, nous donnons ci-contre la perception colorée associée à chacune des longueurs d'ondes du spectre visible.

Ce graphe montre que l'œil est plus sensible dans la zone des couleurs jaunes et vertes qu'aux extrémités du spectre.

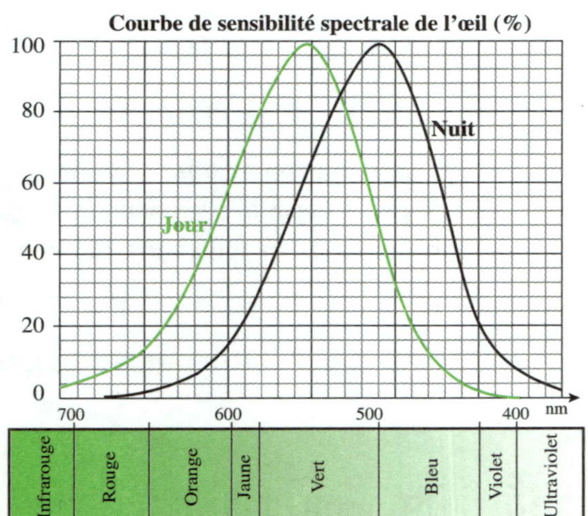

# PARTIE II

# Composants et fonctions de l'électronique analogique

## PARTIE II
## Composants et fonctions de l'électronique analogique

# LE RÉSISTOR

## I. Présentation / Relation

Composant d'électronique le plus répandu, un résistor est un dipôle permettant de fixer le courant dans un circuit électrique. Il se caractérise par sa résistance (en ohm « Ω »), sa puissance maximale dissipable et son matériau le constituant.

### 1. Symbole / Notation / Loi d'Ohm / Puissance

*Norme NFC03*

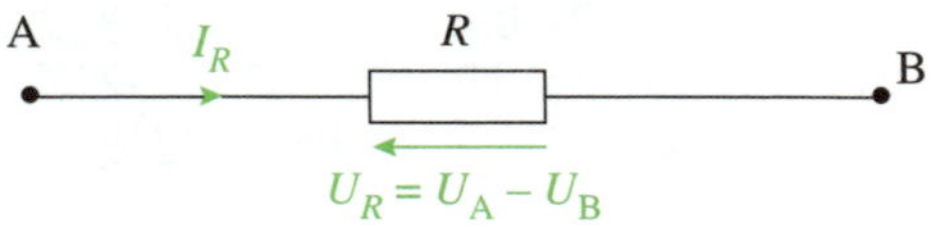


$U_R = R \times I_R$

$P = U_R \times I_R$

$P = U_R^2 / R$

$P = I_R^2 \times R$

*Norme ANSI*

### 2. Associations de résistors

**En série**

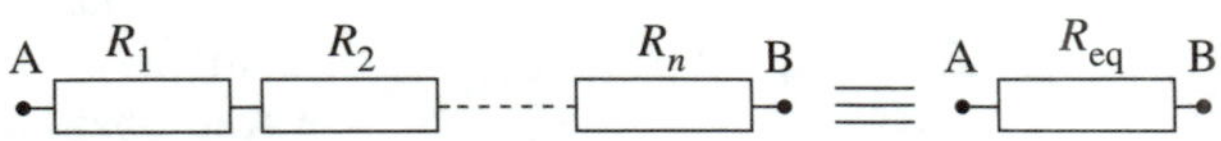


$R_{eq} = R_1 + R_2 + ... + R_n$

**En parallèle**

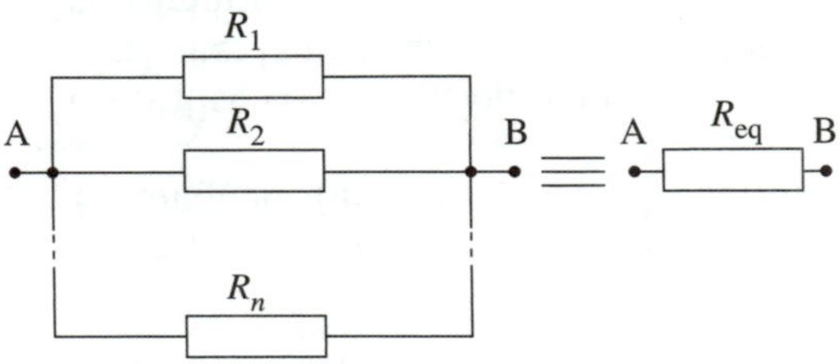


$$R_{eq} = \left(\frac{1}{R_1} + \frac{1}{R_2} + ... + \frac{1}{R_n}\right)^{-1}.$$

### 3. Potentiomètre ou résistor ajustable

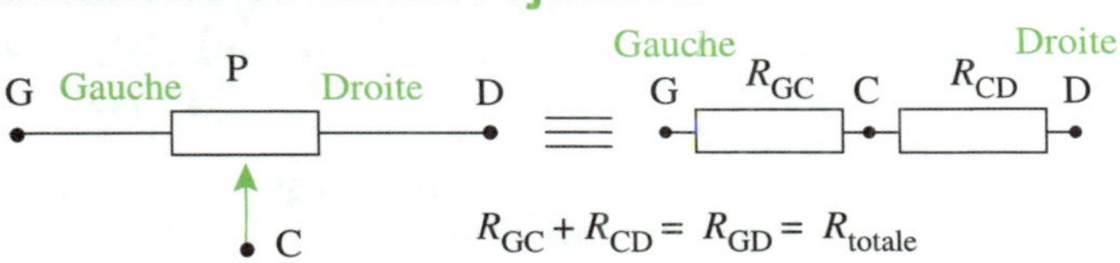


$R_{GC} + R_{CD} = R_{GD} = R_{totale}$

$R_{GC} = \alpha R_{totale}$ et $R_{CD} = (1 - \alpha) R_{totale}$

La résistance d'un résistor ajustable, ou potentiomètre, peut être modifiée par action sur le curseur (C). Trois bornes sont accessibles : G, D et C. $\alpha$ est le coefficient de réglage et peut varier de 0 à 1.

## 4. La résistivité

La résistivité (en Ω.m) d'un matériau permet de définir sa résistance par la relation :

$$R = \frac{\rho.\ell}{S}$$

$R$ : résistance (en Ω).
$\ell$ : longueur (en mètre).
$\rho$ : résistivité (en Ω.m).
$S$ : surface de la section (en m²).

On utilise cette relation pour :
- calculer la résistance d'une piste sur un circuit imprimé ;
- concevoir certains résistors (bobinés par exemple) ;
- calculer la résistance d'un bobinage d'un moteur.

| Matériaux | $\rho$ (Ω.m) |
|---|---|
| Cuivre (Cu) | $1{,}72.10^{-8}$ |
| Argent (Ag) | $1{,}4.10^{-8}$ |
| Constantan | $49.10^{-8}$ |
| Isolant | $10^{20}$ |

*Résistivité de matériaux utilisés en électronique*

## 5. Dérive en température

La résistivité (en Ω.m) d'un matériau permet de définir sa résistance par la relation :

$$R(T) = R_0(1 + \alpha.T)$$

$R(T)$ : résistance à la température $T$
$\alpha$ : coefficient de température (en °C$^{-1}$)
$R_0$ : résistance à 0 °C
$T$ : Température (en °C)
$\alpha$ est souvent exprimé en **ppm** (**p**artie **p**ar **m**illion).
On a : $\alpha = \alpha_{ppm} \times 1.10^{-6}$.

| Matériaux | $\alpha$ (°C$^{-1}$) |
|---|---|
| Cuivre (Cu) | $4{,}1.10^{-3}$ |
| Argent (Ag) | $3{,}8.10^{-3}$ |
| Constantan | $0{,}002.10^{-3}$ |

*Coefficient de température de matériaux utilisés pour la conception des résistors*

## 6. Schéma équivalent

Un résistor ne se comporte pas toujours comme un simple résistor. Selon le matériau le constituant, il apparaît en effet des éléments parasites. Ces éléments (surtout influents en haute fréquence) modifient la loi d'Ohm et donc le comportement du circuit électrique.

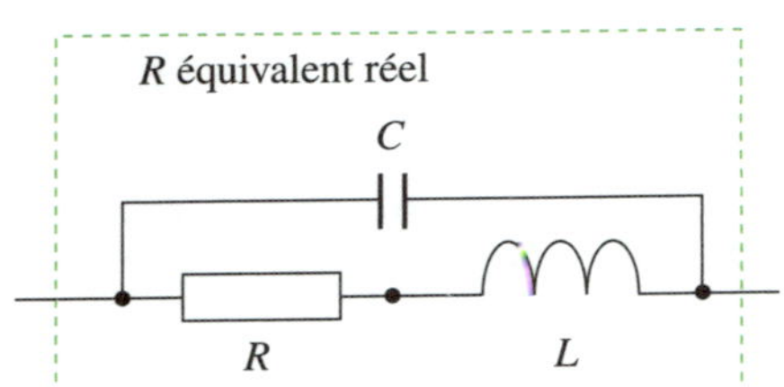

# LE RÉSISTOR : TECHNOLOGIE

## I. À couche carbone

Sur un tube de céramique est déposé un film de carbone. Ce dépôt est très faiblement conducteur, la résistance est ajustée en jouant sur l'épaisseur du dépôt.

### 1. Propriétés

- Coefficient de température négatif (– 150 à – 1 000 ppm/°C).
- Résistor par défaut de l'électronique, celui que l'on utilise lorsque aucune autre contrainte que la valeur n'est imposée.
- Qualité moyenne.
- Gamme standard : 0,47 Ω à 10 MΩ.
- Puissance : 1/4 de watt à 2 watts.

### 2. Marquage

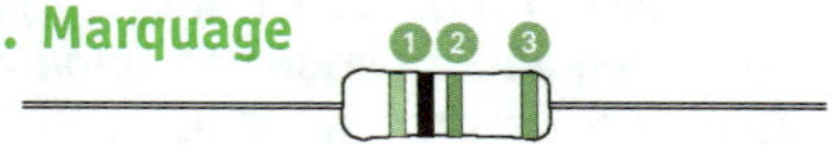


| | Noir | Marron | Rouge | Orange | Jaune | Vert | Bleu | Violet | Gris | Blanc | Or | Argent |
|---|---|---|---|---|---|---|---|---|---|---|---|---|
| 1 1^er^ et 2^e^ chiffre | 0 | 1 | 2 | 3 | 4 | 5 | 6 | 7 | 8 | 9 | | |
| 2 Multiplicateur | 1 | 10 | $10^2$ | $10^3$ | $10^4$ | $10^5$ | $10^6$ | $10^7$ | | | $10^{-1}$ | $10^{-2}$ |
| 3 Tolérance ± % | | 1 | 2 | | | 0,5 | 0,25 | 0,1 | 0,05 | | 5 | 10 |

### 3. Séries

| | | | | | | | | | | | |
|---|---|---|---|---|---|---|---|---|---|---|---|
| 10 | 11 | 12 | 13 | 15 | 16 | 18 | 20 | 22 | 24 | 27 | 30 |
| 33 | 36 | 39 | 43 | 47 | 51 | 56 | 62 | 68 | 75 | 82 | 91 |

## II. À couche Métallique

### 1. Propriétés

- Coefficient de température négatif (– 50 ppm/°C à – 250 ppm/°C).
- Les résistors de précision inférieure à 1 % sont réalisés en couche métallique.
- Une bonne stabilité dans le temps
- Une précision accrue.
- Un faible bruit électrique
- Gamme standard : De 1 Ω à 1 MΩ.

### 2. Marquage

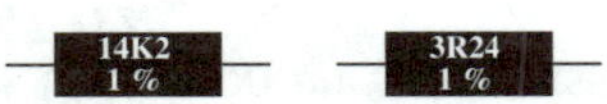


14,2 KΩ 1 %     3,24 Ω 1 %

Marquage en clair

Marquage par code des couleurs à 5 anneaux

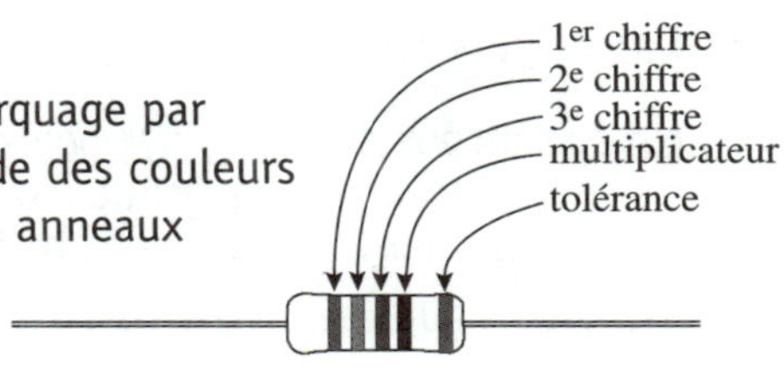

## III. Bobinées vitrifiées

Fil résistant métallique enroulé sur un tube en céramique. On utilise alors la formule $R = \rho \times \ell_{Fil} / S_{Fil}$, pour donner la bonne résistance au résistor.

- Utilisation en forte puissance (jusqu'à 200 W). Gamme standard : de 0,1 Ω à 47 kΩ.
- Limite d'utilisation en haute fréquence due à l'enroulement du fil résistant engendrant une inductance parasite.

## IV. Les réseaux de résistor

Assemblage sur un même substrat céramique isolant de plusieurs résistors.

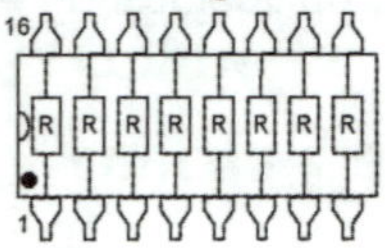

*DIL indépendant*

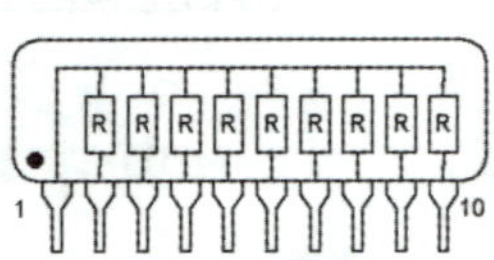

*SIL à point commun*

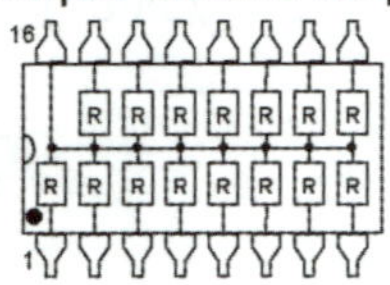

*DIL à point commun*

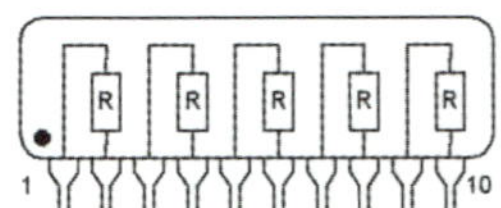

*SIL indépendant*

- Utilisation pour économiser de la place lorsque plusieurs résistors de même résistance doivent être implantés au même endroit d'un circuit imprimé.
- Gamme standard : de 10 Ω à 1 MΩ.

## V. Les potentiomètres (voir aussi *Fiche* 7.3)

La couche de carbone de ces éléments est nue. Un contact ponctuel est réalisé sur la piste par un curseur. Une piste métallique permet de relier électriquement ce point de contact à une broche repérée C. Ce point est mobile et réglable par l'utilisateur. La résistance marquée sur le composant est celle de la couche de carbone (résistance maximale pouvant être obtenue par réglage du curseur).

- Potentiomètres de tableau : destinés à être installés en façade d'appareillage de façon accessible à l'utilisateur.
- Potentiomètres ajustables : potentiomètres destinés à être réglés par tournevis lors de la procédure de réglage de l'appareil. L'utilisateur n'y a pas accès.
- Potentiomètres N tours : potentiomètres fréquemment utilisés lorsqu'une grande résolution du réglage est souhaitée. Les variations de résistances sont beaucoup plus lentes pour une même variation qu'avec un potentiomètre 3/4 de tour.

*Potentiomètres à déplacement rectiligne*

*Potentiomètre 10 tours de tableau*

# I. Symbole / relations

## 1. Symbole

Condensateur non polarisé

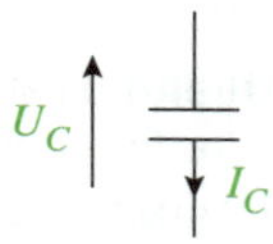


Condensateur polarisé

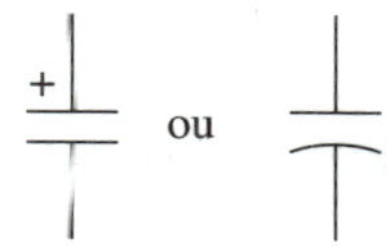


## 2. Relations

$$q(t) = C.u_c(t) \qquad i_c(t) = \frac{dq(t)}{dt} \qquad i_c(t) = \frac{C.du_c(t)}{dt}$$

$C$ est la capacité du condensateur en farad (F), $q(t)$ est la charge (en coulomb)

## 3. Associations

En parallèle :

$$C_{eq} = C_1 + C_2 + C_3 + \ldots + C_n$$

En série :

$$C_{eq} = \left(\frac{1}{C_1} + \frac{1}{C_2} + \frac{1}{C_3} + \ldots + \frac{1}{C_n}\right)^{-1}$$

## 4. Énergie

$$W = \frac{C.U^2}{2}.$$

# II. Technologie

## 1. Modèle réel d'un condensateur

Un condensateur est constitué de deux électrodes métalliques séparées par un corps isolant appelé diélectrique.

Cette constitution entraîne des imperfections. Un condensateur n'est donc jamais parfait et comporte des éléments parasites :

$L_s$ : bobine équivalente des liaisons.

$R_s$ : résistance équivalente des liaisons.

$R_p$ : résistance dite d'isolement.

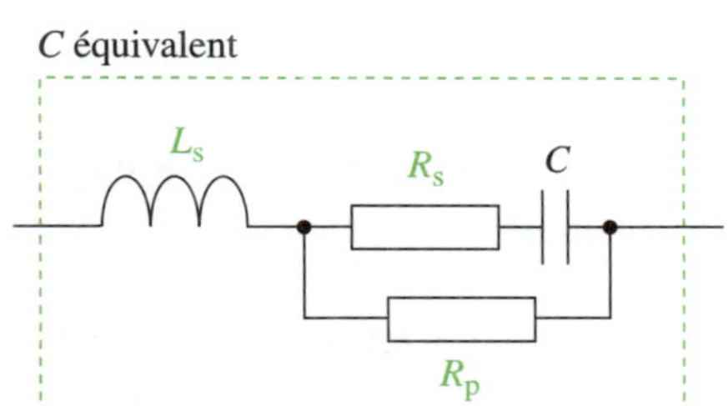

## 2. Caractéristiques de choix

- La capacité.
- Le tension de service : c'est celle qui est inscrite sur le corps du composant.
- La tension maximale d'essai.
- La tension de claquage : celle que l'on mesurerait en augmentant progressivement la tension appliquée au condensateur jusqu'à sa destruction.
- La résistance d'isolement.
- La fréquence de fonctionnement et le type d'utilisation.

## 3. Condensateurs à diélectrique plastique métallisé

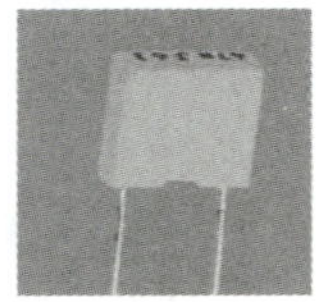

- C'est l'un des condensateurs **d'usage courant** de l'électronique.
- Il se comporte aussi bien en **haute fréquence qu'en basse fréquence.**
- Il est plus **stable en température** que les condensateurs céramiques les plus courants.
- On le choisira donc là où une certaine **précision** est demandée.

## 4. Condensateurs électrolytiques à électrodes aluminium

- On utilise les condensateurs électrolytiques aluminium partout où de **fortes valeurs de capacité** sont nécessaires :
  - fonction **lissage des alimentations** ;
  - applications de **fortes puissances** ;
  - circuit de **démarrage de moteurs** ;
  - stockage d'énergie pour **la sauvegarde de données en mémoires RAM.**
- Ces condensateurs étant polarisés, attention au montage (patte notée – vers le potentiel le plus bas).

## 5. Condensateurs électrolytiques à électrodes tantale

Les condensateurs électrolytiques tantale remplacent les condensateurs électrolytiques aluminium lorsque l'on souhaite **un meilleur comportement en fréquence**.

## 6. Condensateurs à diélectrique céramique

Ils ont une réponse excellente à toutes les fréquences. Peu coûteux, ce sont ceux que l'on utilisera si la stabilité en température n'est pas un critère déterminant sauf à utiliser des condensateurs céramiques NPO dans les faibles valeurs. Ce condensateur trouve sa place :

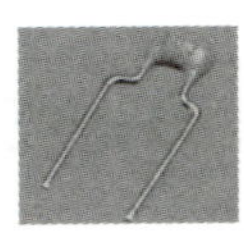

- dans les applications où une forte valeur n'est pas requise ;
- si le composant est amené à fonctionner en très haute fréquence ;
- pour un couplage (suppression d'une composante continue) ;
- condensateur de découplage.

## I. Présentation

Les évolutions de $u_C(t)$ présentées dans cette fiche s'appliquent chaque fois que le schéma ci-contre est rencontré (circuit *RC* alimenté par une source de tension continue). Il faudra souvent isoler le circuit *RC* du reste du montage pour étudier $u_C(t)$ quand la tension d'entrée $V_e$ évolue. On définit $\tau = RC$ (en seconde).

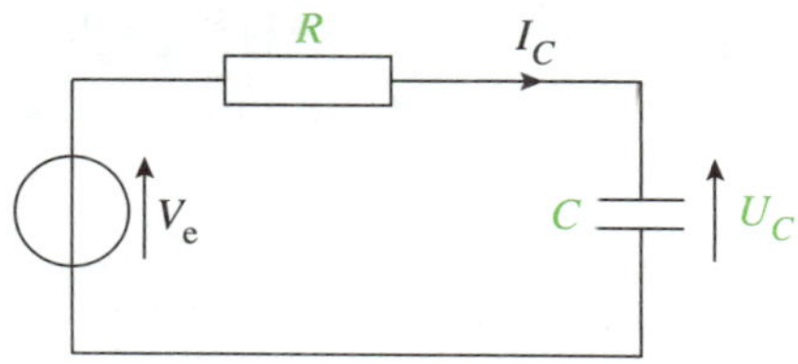


On a toujours : $v_e(t) = RC.\dfrac{du_C(t)}{dt} + u_C(t)$ équation différentielle de ce montage.

On étudiera $u_C(t)$ pour une évolution type charge.

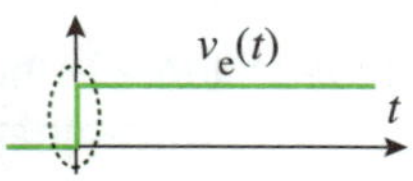


Et aussi type décharge.

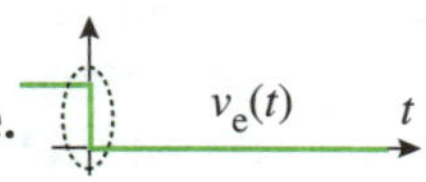


$u_C(t)$ évolue uniquement quand $v_e(t)$ change de valeur. Dans ce cas, il faut tenir compte de la valeur de $u_C(t)$ avant ce changement.

## II. Configuration de charge

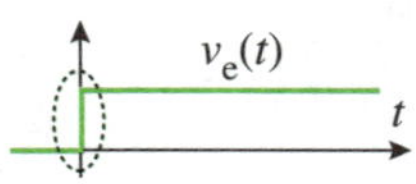


La solution de l'équation différentielle est :

$$u_C(t) = E \times \left(1 - e^{\left(-\frac{t}{\tau}\right)}\right).$$

On considère $u_C(0) = 0$ (conditions initiales).

- La tension $U_C$ du condensateur tend vers celle du générateur. Cette tension est appelée valeur finale de $U_C$ ($U_{Cf}$) et peut être calculée en écrivant $I_C = 0$.
- Lorsque $U_C$ croît, le courant $I_C$ décroît et tend vers 0.
- On pourra retenir les points suivants :

*A* [$\tau$ ; 63 % de $U_{Cf}$] ;
*B* [$3\tau$ ; 95 % de $U_{Cf}$] ;
*C* [$5\tau$ ; 99 % de $U_{Cf}$].

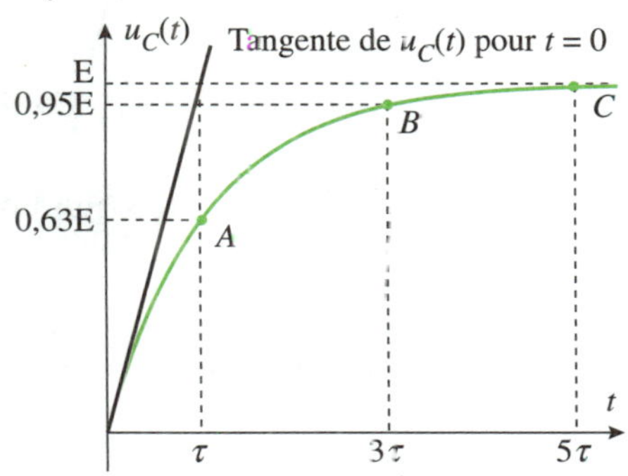

## III. Configuration de décharge

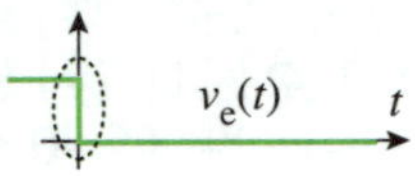


La solution de l'équation différentielle est :

$$U_C(t) = U_{C_0} \times e^{\left(-\frac{t}{\tau}\right)}$$

On considère $u_C(t = 0) = U_{C_0} \neq 0$ (condition initiale).

- La tension $U_C$ du condensateur tend vers 0 (celle du générateur).
- Le courant se déduit facilement de la tension $u_C(t)$ en utilisant la loi d'Ohm ($i_C(t) = u_C(t) / R$).
- On pourra retenir les points suivants :

*A* $[\tau ; U_{C_0} \times (1 - 63\ \%)]$ ;
*B* $[3\tau ; U_{C_0} \times (1 - 95\ \%)]$ ;
*C* $[5\tau ; U_{C_0} \times (1 - 99\ \%)]$.

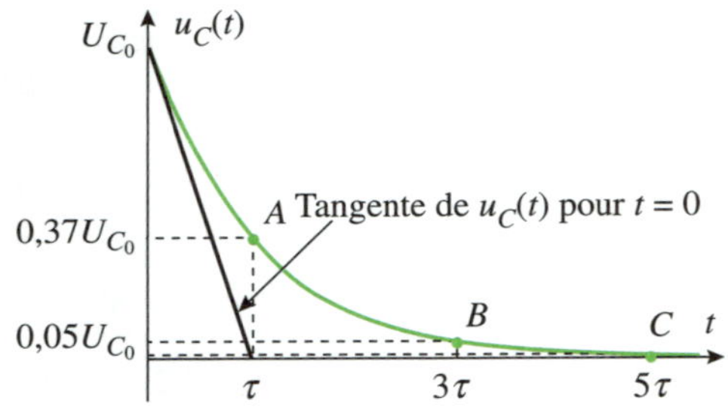


## IV. Cas général

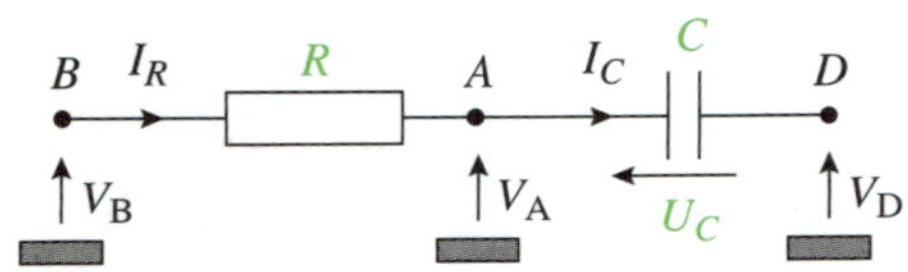


Dans les montages, les circuits *RC* se rencontrent parfois sous une forme générale. Les formes d'évolution de $u_C(t)$ restent valables.
$U_C$ évolue après que $V_B$ ou $V_D$ aient changé ( ⎤ ou ⎡ ).

Raisonnement pour tracer $u_C(t)$ (après un changement de valeur en $V_B$ ou $V_D$) :

- Calculer $U_{CF} = V_B - V_D$.
- Tracer la tangente à l'origine (*T*).
- Placer les points *A*, *B* et *C*.
- Tracer $u_C(t)$.

À tout instant, $U_{C_t}$ est trouvé par la relation :

$$\frac{U_{C_0} - U_{CF}}{U_{C_t} - U_{CF}} = e^{\frac{t}{\tau}}.$$

On peut déterminer un instant $t$ par la relation :

$$\frac{t}{\tau} = \ln\left(\frac{U_{C_0} - U_{CF}}{U_{C_t} - U_{CF}}\right).$$

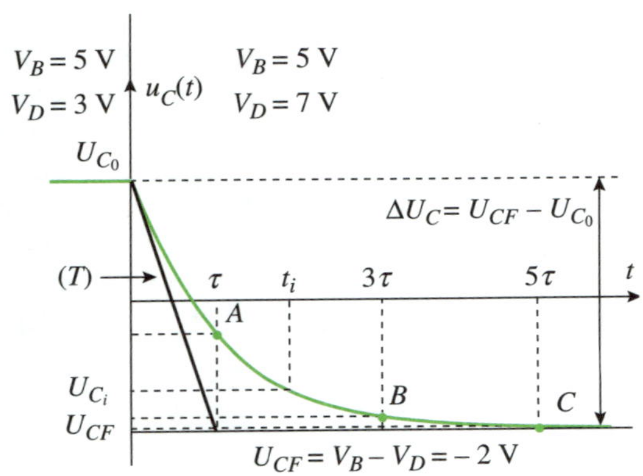

# LA BOBINE

## I. Symbole / relations

### 1. Symbole

Une bobine est composé d'un fil conducteur enroulé sur un matériau magnétique.

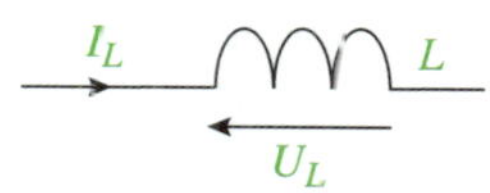


### 2. Relations

$$\varphi(t) = L.i_L(t) \qquad u_L(t) = \frac{\mathrm{d}_\varphi(t)}{\mathrm{d}t} \qquad u_L(t) = L\frac{\mathrm{d}i_L(t)}{\mathrm{d}t}$$

### 3. Associations

En série :

$$L_{eq} = L_1 + L_2 + \ldots + L_n$$

En parallèle :

$$L_{eq} = \left(\frac{1}{L_1} + \frac{1}{L_2} + \ldots + \frac{1}{L_n}\right)^{-1}$$

### 4. Énergie

$$W = \frac{L.I^2}{2}$$

## II. Technologie

### 1. Modèle réel d'une bobine

Celui-ci tient compte de la résistance du fil conducteur constituant le bobinage ($R = \rho.l/S$).

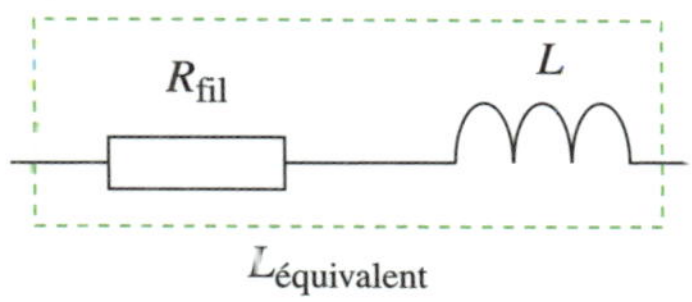


### 2. Coefficient de surtension

Il permet de définir la qualité en fonction de la fréquence : $Q = \dfrac{L\omega}{R_{fil}}$.

### 3. Saturation du matériau magnétique

C'est dans ce matériau que se crée le flux ($\varphi(t) = L \times i_L(t)$). À la saturation, le flux n'augmente plus et $\varphi(t) = \text{cste} \neq L \times i_L(t)$. Cette saturation limite l'amplitude maximale du courant pouvant parcourir la bobine.

## 4. Les différents noyaux

Noyau ferrite : ce matériau céramique est utilisé pour des applications de la basse fréquence et de la haute fréquence.
Noyau air : le bobinage se fait sur un matériau qui ne possède aucune propriété magnétique. Ces inductances sont utilisées en haute et hyper fréquences.
Noyau fer : elles sont utilisées en basse et moyenne fréquence et dans les filtres d'alimentation.

# III. Circuit *RL*

## 1. Présentation

Ce circuit possède une grande analogie avec le circuit *RC*. C'est le courant $i_L$ qui possède une évolution type exponentielle en régime transitoire.
Ce circuit est rarement utilisé pour son évolution exponentielle. On le rencontre en étudiant les montages d'alimentation des moteurs, ou les commandes de relais.

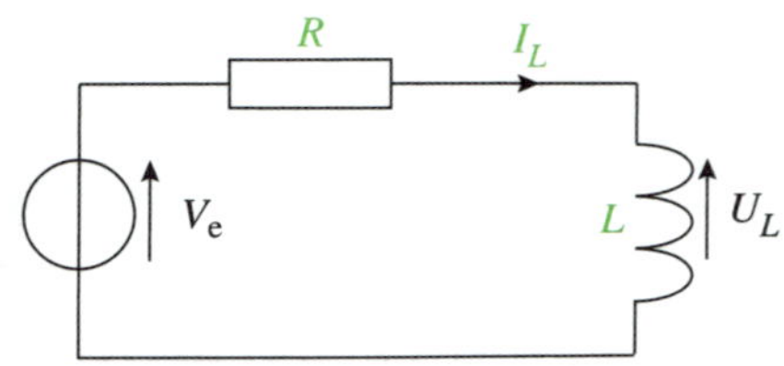


L'équation différentielle de ce circuit est $\frac{v_e(t)}{R} = i_L(t) + \frac{L}{R}\frac{di_L(t)}{dt}$ ; $\tau = \frac{L}{R}$.

$I_L$ évolue uniquement lorsque $V_E$ change de valeur ( ⎤ ou ⎡ ).

## 2. Chronogrammes

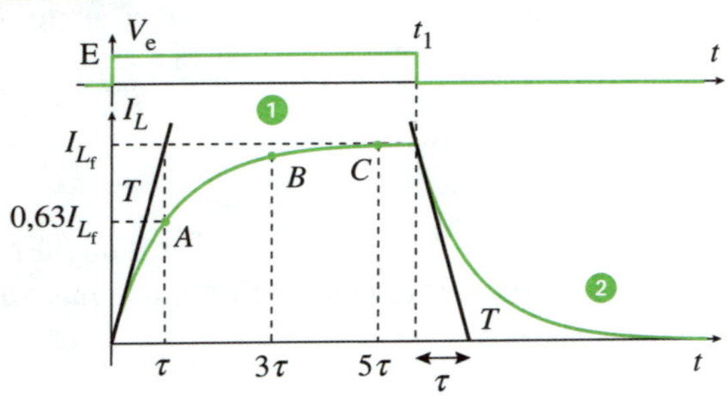


- La valeur $I_{L_f}$ est trouvée en écrivant $U_L = 0$ ; $I_{L_f} = E/R$.
- Les points $A(\tau)$, $B(3\tau)$ et $C(5\tau)$ sont respectivement placés à 63 % , 95 % et 99 % de la variation totale de $I_L$.
- $T$ sont les tangentes à l'origine (au moment où $V_e$ varie).
- Les équations sont :

$I_{L_f} \times [1 - e^{(-t/\tau)}]$ en ❶.

$I_{L_f} \times e^{(-t/\tau)}$ en ❷. (Nouvelle origine des temps en $t_1$)

# I. Présentation du composant

## 1. Symbole

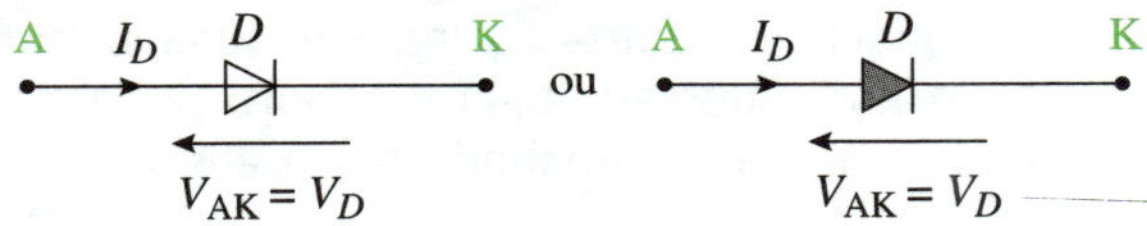


A : anode
K : cathode

## 2. Fonctionnement

La diode est un dipôle à semi-conducteur (jonction PN), qui possède 2 régimes de fonctionnement : bloqué et passant.
Ces régimes de fonctionnement ne sont pas contrôlables directement, mais, dépendent de la tension $V_{AK}$ aux bornes de la diode et du courant $I_d$ la traversant.
Diode bloquée : état de la diode quand $V_{AK} < V_{seuil}$, ce qui empêche le passage du courant dans la diode ; $I_D = 0$.

Diode passante : état de la diode quand $I_D > 0$, ce qui entraîne $V_{AK} = V_{seuil}$.

# II. Caractéristique $I_D = f(V_D)$

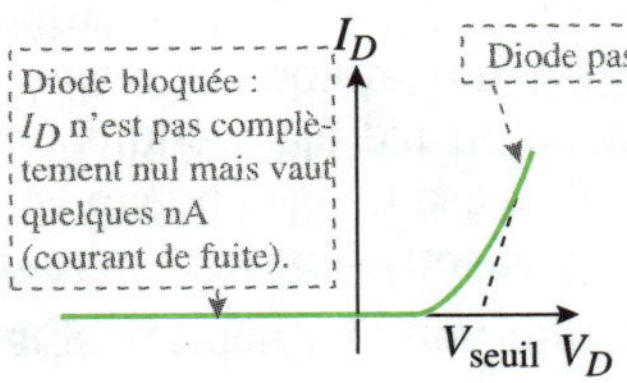


$V_{seuil}$ est une donnée fournie par les constructeurs et vaut typiquement :
- 0,3 V pour les diodes au germanium ;
- 0,7 V pour les diodes au silicium.

Caractéristique idéalisée :

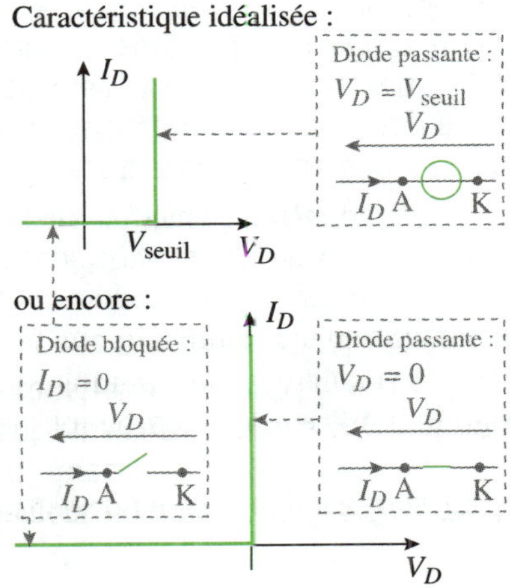

## III. Caractéristiques techniques

- **$V_{seuil}$ :** valeur de la tension de seuil, généralement notée $V_F$ dans les documents constructeur. (F étant l'abréviation de Forward, direct).
Néanmoins, les constructeurs précisent souvent plusieurs tensions de seuil pour différentes valeurs de $I_D$ (ou donnent la caractéristique complète $I_D = f(V_D)$).
- **$I_D$ (noté souvent $I_F$ pour Forward) :** $I_D$ est le courant direct circulant dans la diode. Les constructeurs précisent son maximum supportable en valeur continue ($I_F$), en valeur crête ($I_{FM}$), en valeur de pointe répétitive ($I_{FRM}$), en valeur de surcharge accidentelle non répétitive ($I_{FSM}$) ou encore en valeur moyenne ($I_{FAV}$).
- **Tension inverse (notée $V_R$ pour Reverse) :** $V_R$ est la tension aux bornes de la diode quand celle-ci est bloquée ($V_R = V_{KA}$). Les constructeurs précisent son maximum supportable par la jonction en valeur continue ($V_R$), en valeur crête ($V_{RM}$), en valeur de pointe répétitive ($V_{RRM}$), en valeur de surcharge accidentelle non répétitive ($V_{RSM}$). Ils précisent aussi la tension $V_{BR}$ (Breakdown), tension de claquage de la diode en inverse.
- **Temps de recouvrement inverse $t_{rr}$ :** le temps de recouvrement inverse, noté $t_{rr}$ dans les documents constructeur, est le temps nécessaire à la diode pour passer de l'état passant à l'état bloqué.
- **Temps de recouvrement direct $t_{dr}$ :** le temps de recouvrement direct, noté $t_{dr}$ dans les documents constructeur, est le temps nécessaire à la diode pour passer de l'état bloqué à l'état passant.
Les temps $t_{rr}$ et $t_{dr}$ limiteront donc la fréquence de commutation de la diode.

## IV. Cas particulier : la diode Schottky

L'avantage de ces diodes est de posséder une tension de seuil moins importante (de l'ordre de 0,3 volts).
L'autre avantage est de pouvoir commuter rapidement de l'état bloqué à l'état passant, leur temps de recouvrement inverse, $t_{rr}$, étant quasiment nul.
Ces diodes sont utilisées en haute fréquence.

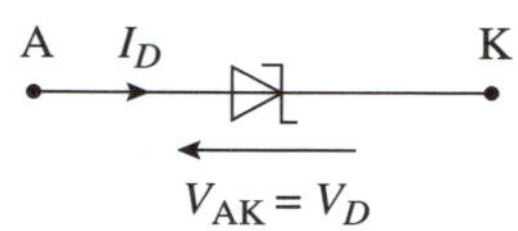


## V. Technologie

Ces composants semi-conducteurs élémentaires sont encapsulés en boîtiers plastique ou verre (ou métal pour les fortes puissances).
Les diodes sont des éléments polarisés (anode et cathode). Le montage doit donc respecter l'orientation des diodes. La cathode C est toujours repérée par une bague qui fait le tour du composant. Cette bague est parfois difficile à reconnaître sur certains boîtiers DO35.

# LA DIODE ZENER

## I. Présentation du composant

### 1. Symbole

La caractéristique principale de ces diodes est la valeur de $V_Z$, la tension de seuil Zener.

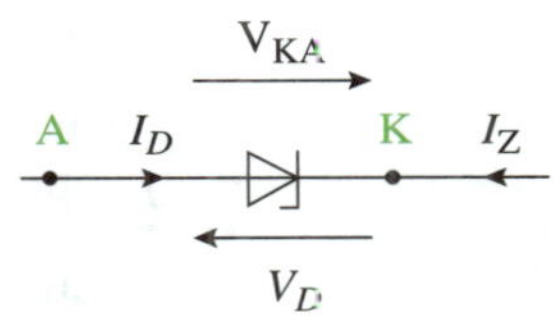


### 2. Caractéristique / Fonctionnement

Dans le sens direct ($V_D$ et $I_D$ positifs), cette diode présente la même caractéristique qu'une autre diode.

Elle n'a d'intérêt qu'en utilisation dans le sens inverse ($V_D$ et $I_D$ négatifs) où les notations changent et deviennent $V_{KA} = -V_D$ et $I_Z = -I_D$ . Dans ce sens, cette diode ne présente pas de zone de claquage :

– si $V_{KA} < V_Z$, alors $I_Z = 0$ (interrupteur ouvert) ;

– sinon, $V_{KA} = V_Z$ .

En zone Zener, la caractéristique présente une résistance dynamique (de faible valeur).

Il ne faut néanmoins pas la négliger si le courant $I_Z$ traversant la diode est important.

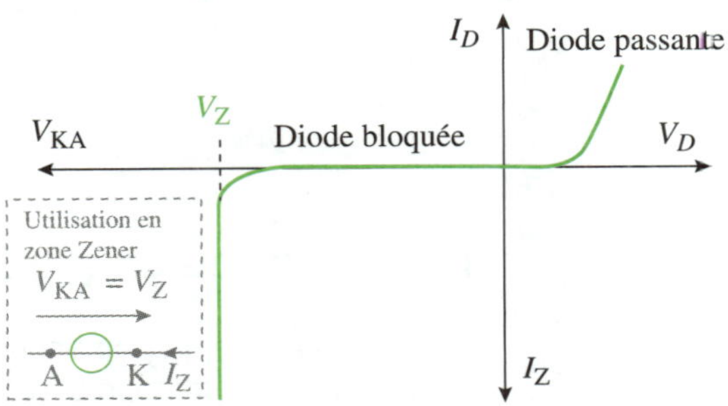


### Choix

La caractéristique importante est la valeur de la tension de seuil : $V_Z$ . Un large choix est proposé par les constructeurs de 2 V à 300 V.

La valeur maximale du courant $I_Z$ pouvant traverser la diode, et celle de la puissance dissipée ($V_Z \times I_Z$) dans la zone Zener, sont aussi des caractéristiques de choix importantes.

**Utilisation**
Les diodes Zener sont appréciées pour leur tension $V_Z$ stable. On les trouve souvent associées à des fonctions de référence de tension, d'écrêtage d'une tension ou encore en guise d'alimentation continue de petite puissance.

**Résistance dynamique $R_D$**
En zone Zener, ces diodes présentent une résistance dynamique de faible valeur.

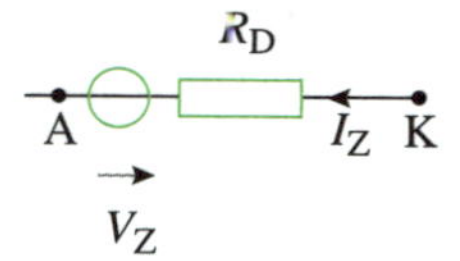


## II. Utilisation en référence de tension

### 1. Schéma

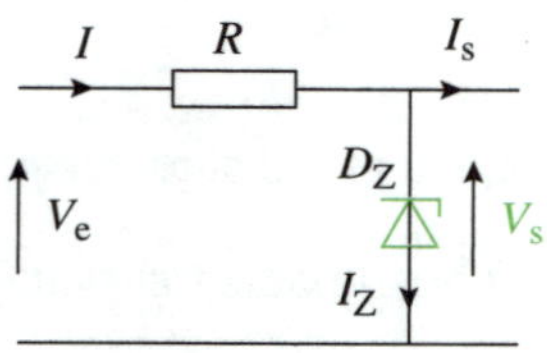


Schéma équivalent
($R_D$ de $D_Z$ négligée)

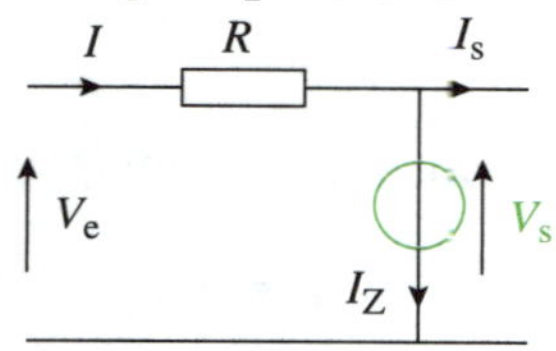


### 2. Fonctionnement

• Supposons $I_s$ négligeable.

Tant que $V_e > V_Z$ (tension Zener de la diode), la diode est polarisée en zone Zener et $I = (V_e - V_Z) / R$. $R$ dissipe la puissance perdue.

Si $V_e < V_Z$ , la diode est bloquée, $I_Z = 0$ et $V_s = V_e$ .

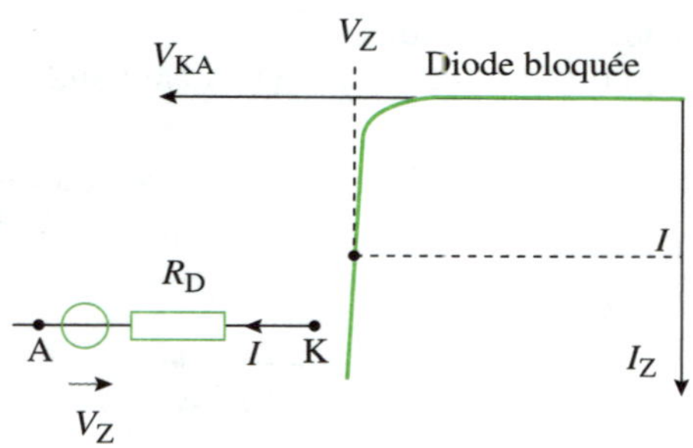


• Si $I_s \neq 0$.

La diode est en zone Zener tant que $I_s < (V_e - V_Z) / R$.

Au delà, la diode se bloque.

**Attention** : si $I_s$ varie, la résistance dynamique de $D_Z$ (même si celle-ci est faible) risque d'engendrer une chute de tension variable faisant varier $V_s$...

Ce montage permet donc (si $V_e > V_Z$) de disposer d'une tension $V_s$ fixe de référence.

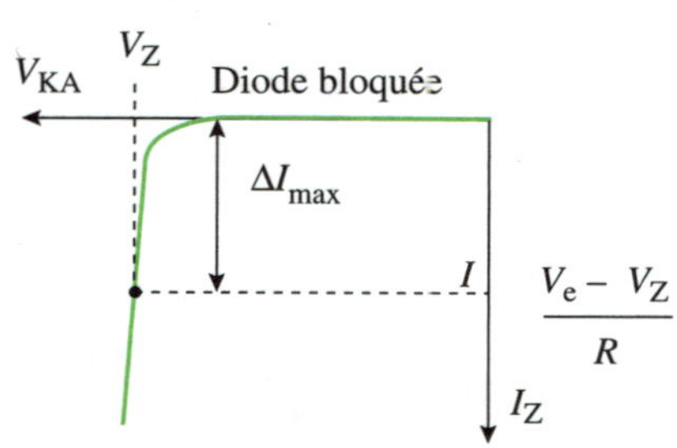

# LE TRANSISTOR BIPOLAIRE

## I. Présentation du composant

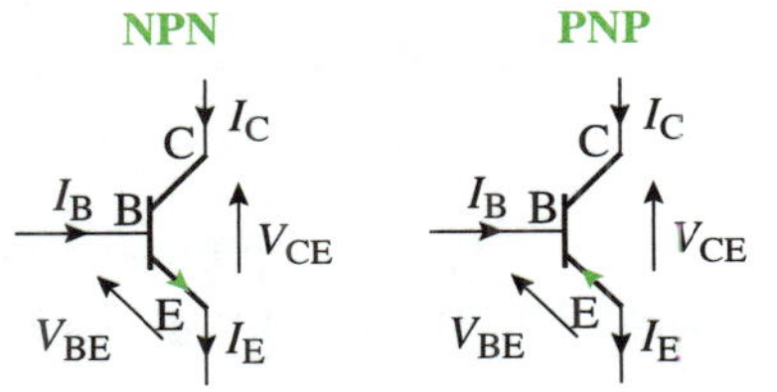


### 1. Symboles

Un transistor bipolaire possède 3 broches :

- C : Collecteur ;
- B : Base ;
- E : Émetteur.

### 2. Les courants et tensions

Dans un transistor bipolaire, le courant Collecteur → Émetteur ne peut transiter que dans le sens indiqué par la flèche de l'émetteur.

- $I_C$, $I_B$ et $I_E$ sont positifs pour un NPN (négatifs pour un PNP).
- $V_{CE}$ et $V_{BE}$ seront positives pour un NPN. (négatives pour un PNP).

### 3. Fonctionnement

Ce composant possède trois modes de fonctionnement :

- Bloqué : $I_B = 0$ ce qui entraîne $I_C = 0$.
- Linéaire : $|\beta.I_B| < |I_{C_{sat}}|$ ce qui entraîne $I_C = \beta.I_B$.
- Saturé : $|\beta.I_B| > |I_{C_{sat}}|$ ce qui entraîne $V_{CE} = V_{CE_{sat}}$ et $I_C = I_{C_{sat}}$ = Constante.

C'est la valeur du courant de base ($I_B$) qui commande la jonction CE et donc impose le mode de fonctionnement.

## II. Caractéristiques

L'équation de la droite de charge est : $V_{CE} = E - R.I_C$

$I_{C_{sat}} = (E - V_{CE_{sat}}) / R$.

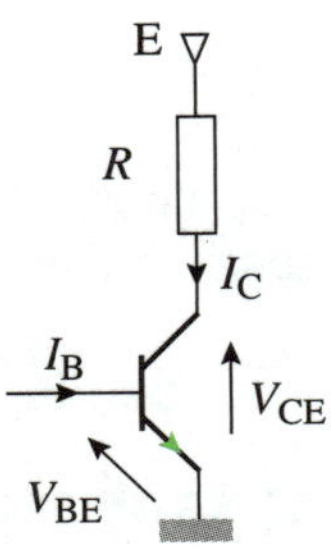


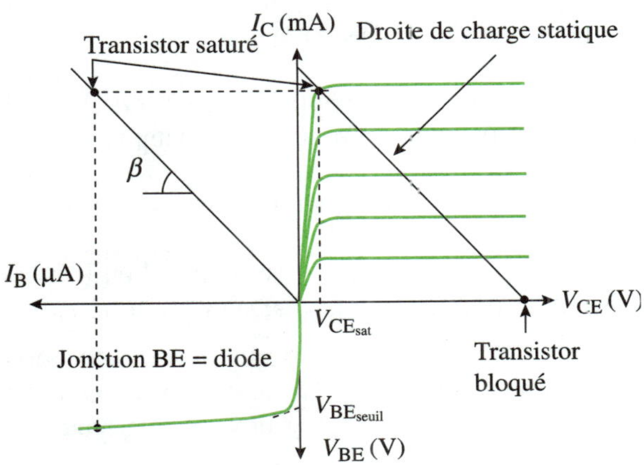

# III. Caractéristiques techniques

## 1. Les maximums

$I_{C_{max}}$

Courant maximum pouvant circuler entre le Collecteur et l'Émetteur d'un transistor sans détérioration de celui-ci. À ne pas dépasser !

$I_{B_{max}}$

Courant maximum supportable par un transistor sur sa Base.

$V_{CE_{max}}$

Tension maximale supportable entre Collecteur et Émetteur. Dans un montage à transistor, $V_{CE}$ est maximum quand le transistor est bloqué.

## 2. En saturation

$V_{CE_{sat}}$

Valeur de la tension entre Collecteur et Émetteur quand le transistor est saturé. Cette tension est généralement faible.

$V_{BE_{sat}}$

Valeur correspondant à la tension Base Émetteur quand le transistor est saturé. $V_{BE_{sat}} > V_{BE}$, même s'il garde le même ordre de grandeur.

## 3. En blocage

$V_{BE_{INVmax}}$

Tension inverse maximum supportable entre Base et Émetteur, lorsque le transistor est bloqué.

## 4. En linéaire

$\beta$ ou $h_{fe}$

$\beta$ est le rapport $I_C / I_B$ en régime de fonctionnement linéaire.
$\beta$ n'est pas une valeur fixe. Un constructeur donne une plage de valeur. $\beta$ est censé être compris dans cette plage.

$V_{BE}$

La jonction Base Émetteur est une jonction PN ou NP (diode). Lorsque celle-ci est passante, la tension $V_{BE}$ est équivalente à la tension de seuil d'une diode.

# IV. Les boîtiers

Transistors petits signaux — Transistors de puissance

T018 T092 T039 T0126 T0220 T03

**$P_D$ et les résistances thermiques** permettent de dimensionner un éventuel dissipateur thermique. Ces données sont en relation avec le boîtier choisi.

FICHE 15

# RÉGIMES DE FONCTIONNEMENT DU TRANSISTOR BIPOLAIRE

Dans cette fiche, les différents régimes seront illustrés avec un transistor type NPN.

## I. Régime bloqué

### 1. Côté circuit de commande (jonction BE)

Cette jonction est une diode, et se comporte comme telle. Lorsque la tension base/émetteur est inférieure à $V_{seuil}$, le transistor est bloqué et $I_B = 0$.

### 2. Côté circuit commandé (jonction CE)

Le courant $I_C$ est alors nul et la tension $V_{CE}$ peut être calculée par la loi des mailles et des nœuds côté jonction CE.

## II. Régime passant - linéaire

### 1. Côté circuit de commande (jonction BE)

Dans ce régime, la diode de cette jonction est passante ($I_B > 0$ ; $V_{BE} = V_{seuil}$).
Ce régime se reconnaît tant que $I_B < I_{C_{sat}}/\beta$.

### 2. Côté circuit commandé (jonction CE)

Dans ce mode de fonctionnement, le courant $I_C$ est proportionnel à $I_B$ :

$$I_C = \beta \times I_B \, .$$

Le mode de fonctionnement linéaire existe tant que le circuit côté jonction CE peut fournir le courant $I_C = \beta \times I_B$ (tant que le circuit n'arrive pas à saturation).

## III. Régime passant - saturé

### 1. Côté circuit de commande (jonction BE)

Dans ce régime, la diode de cette jonction est passante ($I_B > 0$ ; $V_{BE} = V_{BE_{sat}}$).
Ce régime se reconnaît quand $I_B > I_{C_{sat}}/\beta$.

### 2. Côté circuit commandé (jonction CE)

En régime saturé, la relation $I_C = \beta \times I_B$ n'est plus valable (en fait, $I_C < \beta \times I_B$).
Le circuit côté jonction CE ne peut plus fournir le courant $I_C = \beta \times I_B$ ; il est saturé, le courant $I_C$ est maximum et reste constant ($I_C = I_{C_{sat}}$).
La tension $V_{CE}$ reste aussi constante : $V_{CE} = V_{CE_{sat}}$ (donnée constructeur).

# IV. Régime de commutation

En commutation, le transistor est soit bloqué, soit saturé.

## 1. Fonctionnement

Montage d'étude

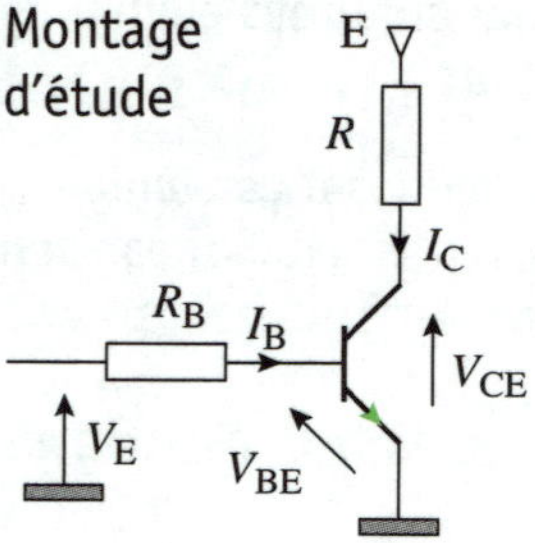


Données constructeur :

$70 < \beta < 200$  $V_{BE_{seuil}} = 0{,}7$ V  $V_{CE_{sat}} = 0{,}2$ V

Montage :

$R_B = 10$ kΩ ; $R = 1$ kΩ ; $E = 10$ V

$V_E = 0$ V ou 5 V

**$V_E = 0$ V**

$V_E < V_{BE_{seuil}}$, le transistor est alors bloqué.

$I_C = I_B = 0$ ; $V_{CE} = E - R_C \times I_C = E = 10$ V.

**$V_E = 5$ V :** $V_E > V_{BE_{seuil}}$ : le transistor est passant, $V_{BE} = V_{BE_{seuil}}$

- Calcul de $I_{C_{sat}}$ : $(I_{C_{sat}} = E - V_{CE_{sat}}) / R = 9{,}8$ mA $[I_{C_{sat}}/\beta_{MIN} = 0{,}14$ mA$]$
- $I_B > I_{C_{sat}}/\beta_{MIN}$ ? : $I_B = (V_E - V_{BE_{seuil}}) / R_C = 0{,}43$ mA $> I_{C_{sat}}/\beta_{MIN}$, le transistor est saturé.

Le coefficient de sursaturation vaut alors : $k_S = I_B.\beta_{MIN}/I_{C_{sat}} = 3$.

## 2. Chronogrammes

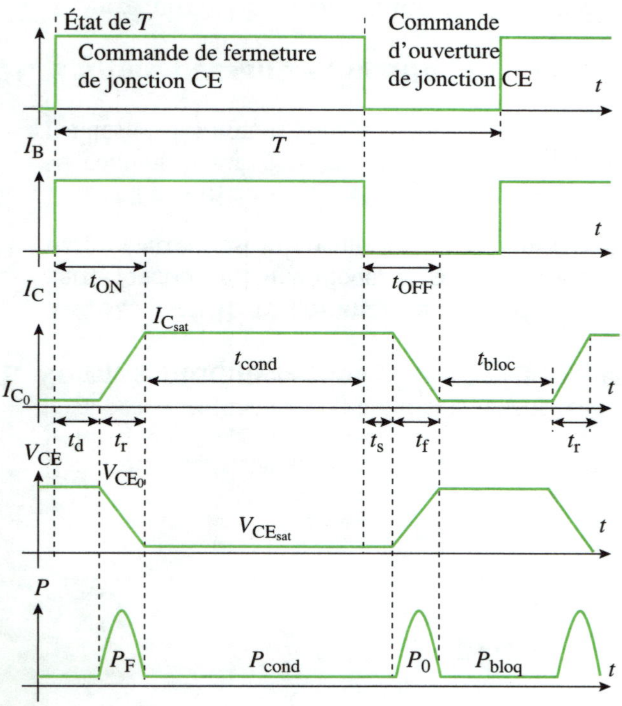


- À la fermeture, on a : $P_F \approx V_{CE_0}.I_{C_{sat}}.t_r / 6T$.
- À l'ouverture, on a : $P_0 \approx V_{CE_0}.I_{C_{sat}}.t_r / 6T$.
- Pendant la phase de conduction, on a: $P_{cond} = V_{CE_{sat}}.I_{C_{sat}}.t_{cond} / T$.
- Pendant la phase de blocage, on a : $P_{bloc} = V_{CE_0}.I_{C_0}.t_{bloc} / T$.

$P_{totale} = P_0 + P_F + P_{cond} + P_{bloc}$

FICHE 16

# LES TRANSISTORS À EFFET DE CHAMP (FET)

## I. Présentation

On distingue : Les transistors J-FET ❶ (canal N ou P), MOSFET (à appauvrissement (canal N ❷ ou P) ou à enrichissement (canal N ❸ ou P).
Ces transistors possèdent tous 3 électrodes appelées Source, Drain et Grille.
C'est la tension sur la grille ($V_{GS}$) qui commande le transistor.

## II. Caractéristiques $I_D = f(V_{DS})$ et $I_D = f(V_{GS})$

Les caractéristiques présentées ici sont celle de transistors FET canal N.

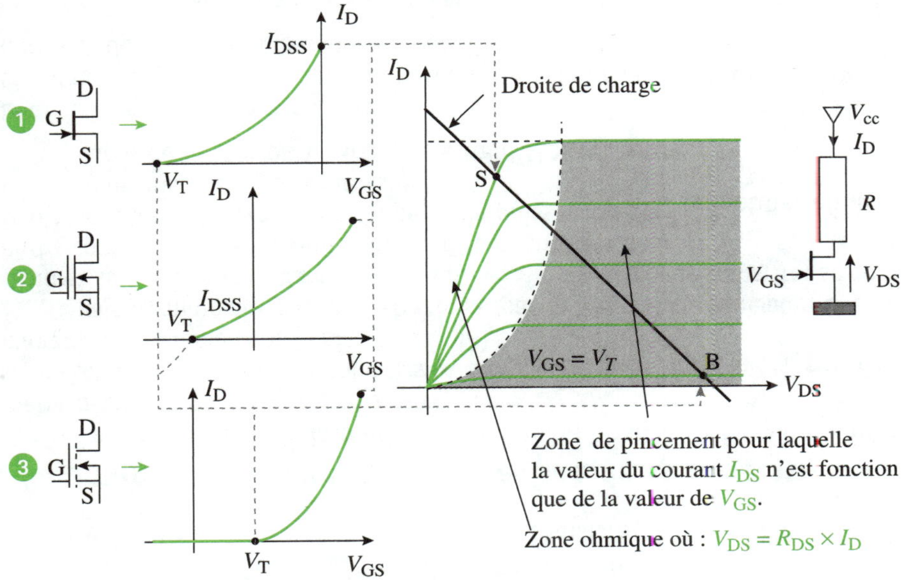


Un transistor FET est dit bloqué quand son circuit commandé ne laisse pas passer le courant $I_D$ (point **B**). $V_{GS} = V_T$ (appelée tension de pincement) est la valeur caractéristique de $V_{GS}$ qui permet de bloquer le transistor.

Au point **S**, le transistor est saturé : le courant $I_D$ n'augmente plus, même si la tension $V_{GS}$ l'y incite. Pour un J-FET canal N, le régime de saturation est valable pour $V_{GS} = 0$ ; le courant $I_D$ ne peut alors pas dépasser la valeur $I_{DSS}$. Alors que pour un MOS-FET, le régime de saturation est atteint quand la tension de commande $V_{GS}$ devient supérieure à $\boldsymbol{V_T + I_D/gm}$.

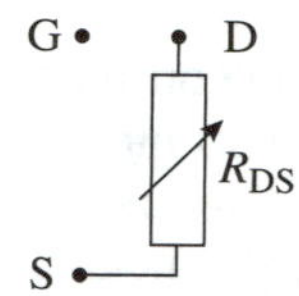


Zone ohmique : la jonction DS dans cette zone est une résistance ($R_{DS}$), dont la valeur est fonction de la tension de commande $V_{GS}$. Ce schéma est valable pour $V_{DS}$ faible.

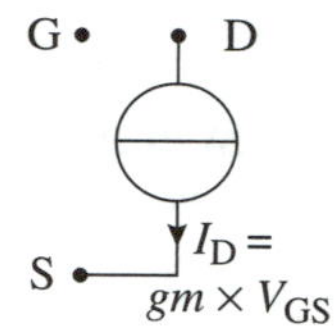


Zone de pincement : la caractéristique $I_D = f(V_{DS})$ est horizontale. La jonction DS se comporte comme une source de courant ($I_D$) commandée par une tension ($V_{GS}$) : $I_D = gm.V_{GS}$ .
*gm* est la transconductance du transistor en siemens ($\Omega^{-1}$) pour les régimes de petits signaux.

Pour les transistors FET à canal P, le signe des courants et tensions est inversé.

## III. Paramètres indispensables en régime de commutation

$V_T$ : valeur particulière de la tension $V_{GS}$ qui rend le transistor bloqué. Ce paramètre peut être noté $V_{GS_{off}}$ ou encore $V_{GS_{th}}$.
$I_{GSS}$ : courant d'entrée sur la grille des transistors FET dans le cas où $V_{GS} = 0$ V. Ce courant est extrêmement faible (nA ou pA).
$R_{DS_{ON}}$ : valeur minimale pouvant être prise par la résistance équivalente entre drain et source quand le transistor est saturé. Si on veut que le transistor se comporte comme un interrupteur parfait, il faut que la valeur de $R_{DS_{ON}}$ soit la plus faible possible. Elle fixera aussi la perte de puissance ($P = V_{DS} \times I_{DS} = R_{DS} \times I^2_{DS}$).
$I_{DSS}$ : valeur prise par $I_D$ lorsque $V_{GS} = 0$.
$V_{DS_{ON}}$ : valeur de la tension $V_{DS}$ lorsque le transistor est saturé.

Les maximums à ne pas dépasser
La valeur de $V_{GS}$ à ne pas dépasser, notée $V_{GS_{BR}}$ (pour *breakdown*). On n'oublie pas non plus de vérifier la puissance du circuit commandé : $P = V_{DS}.I_D$.

Les paramètres temporels : citons simplement les temps de passage de l'état bloqué à l'état saturé et inversement, respectivement $t_{ON}$ et $t_{OFF}$.

## IV. Caractérisation / utilisation

- Par rapport à leurs cousins bipolaires, ces transistors sont peu gourmands en courant sur le circuit de commande ($I_{grille}$ de quelques nA seulement).
- Les transistors MOS-FET sont fragiles. Ils sont facilement destructibles par des décharges électrostatiques (DES) ou des tensions inverses entre grille et source. Cette remarque explique la nécessité de l'emploi d'un composant supplémentaire de protection.

Utilisation en commutation : les propriétés de basse consommation et d'intégration sont appréciées pour la conception de portes logiques. L'intégration des MOS est relativement facile à réaliser. Malheureusement les transistors FET sont lents, ce qui limite les fréquences de commutation.
Autre utilisation : en amplification ou en résistance variable ($R_{DS}$ dont la valeur peut être commandé par la tension $V_{GS}$).

# LE RELAIS ÉLECTROMAGNÉTIQUE

Un relais est un composant électromagnétique qui possède deux parties :
Une partie faible puissance qui commande la fermeture et l'ouverture d'interrupteurs. La transmission des ordres se fait de façon magnétique.

## I. Constitution

Un relais se compose d'une bobine (circuit de commande) et d'interrupteurs (circuit commandé). Quand la bobine est alimentée, les interrupteurs changent de position et passent en position de travail. Sinon, ils restent en position de repos.

Représentation de la partie commande

Différentes configurations des interrupteurs représentés au repos

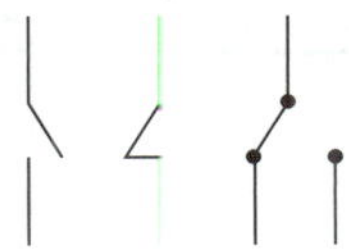

## II. Caractéristiques techniques

### 1. Les boîtiers

Le choix du boîtier se fait en fonction de la place disponible et de la puissance du circuit commandé.

CMS

DIL

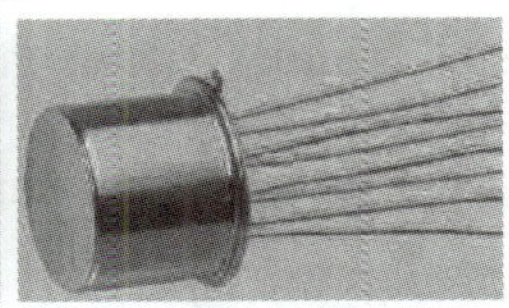

Boîtier métallique TO5

### 2. Côté commande

• Schéma équivalent de la bobine :

Les constructeurs précisent la valeur de $R_{Bobine}$ qui fixera la valeur du courant en régime permanent.

*Les constructeurs précisent aussi :*

– la valeur de la tension nominale $U_n$ d'alimentation de la bobine (ainsi que sa valeur maximale) ; la valeur du courant nominal $I_n$. $I_n = U_n / R_{Bobine}$.

– la valeur de la tension d'enclenchement du relais ; c'est la valeur minimale de la tension d'alimentation de la bobine permettant le passage des interrupteurs en position de travail.

– la valeur de la tension de déclenchement du relais ; c'est la valeur maximale d'alimentation de la bobine permettant le retour des interrupteurs en position de repos.

### 3. Côté interrupteur

*Les constructeurs précisent :*

– la valeur maximale du courant pouvant traverser l'interrupteur, en valeur continue et de pointe.

– les temps de déclenchement et d'enclenchement ou la fréquence maximale d'utilisation.

– le pouvoir de coupure des interrupteurs pour une charge résistive et pour une charge inductive.

## III. Exemple classique d'utilisation

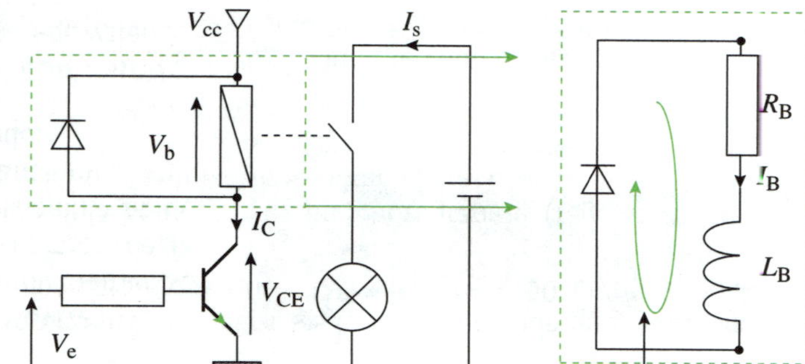


L'évolution de $I_B$ est de type exponentielle (circuit *RL*).

$\tau = L_B / R_B$

La diode de roue libre est nécessaire pour éviter la discontinuité du courant $I_B$.

L'interrupteur se ferme en phase 1 et s'ouvre en phase 2.

Remarque :

$I_{B_{max}} = V_{cc} / R_B$.

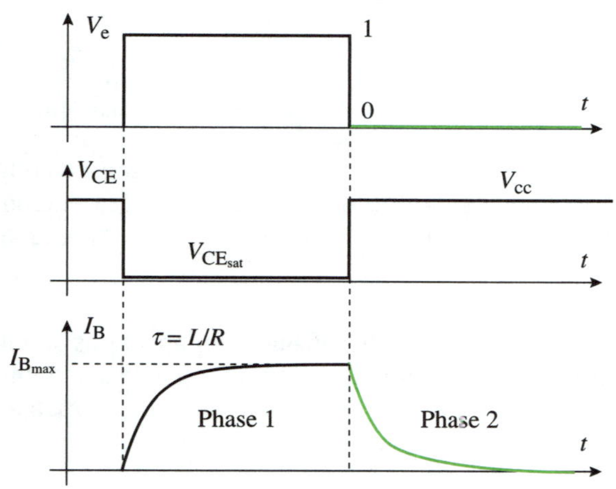

FICHE 18

# COMPOSANTS OPTOÉLECTRONIQUES

## I. Fonctionnel

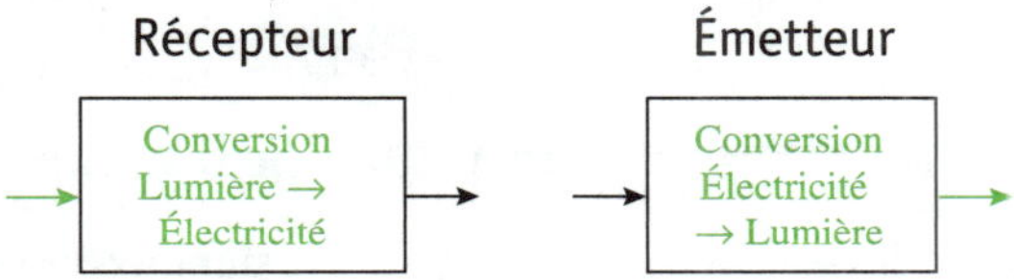


Information portée par un signal électrique
Information portée par un signal lumineux

## II. Récepteur : la photorésistance ou LDR

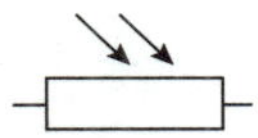

La photorésistance est un résistor dont la résistance varie en fonction de l'intensité lumineuse reçue (phénomène de photoconduction).

**Les constructeurs précisent** les longueurs d'onde du rayonnement de réaction, la résistance dans l'obscurité, la résistance à 50 et/ou 1000 lx, le temps de réponse.
Ces composants sont utilisés en photographie (régulation de lumière), commande d'éclairage automatique (lampadaires)…

## III. Récepteur : la photodiode

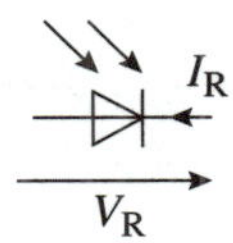


Pour les diodes de signal au silicium, le courant inverse dans celles-ci (lorsqu'elles sont bloquées) est très faible (quelques nA). Or, si on pratique une ouverture sur la jonction, de façon à laisser pénétrer la lumière, on s'aperçoit que l'intensité du courant inverse augmente proportionnellement à l'intensité lumineuse reçue.

Les constructeurs précisent aussi les valeurs maximales de la tension inverse ($V_{R_{max}}$), du courant direct ($I_{F_{max}}$), de la puissance à ne pas dépasser et la valeur $I_d$ (Idark), courant dans l'obscurité (pour $V_R$ donnée).

## IV. Récepteur : le phototransistor

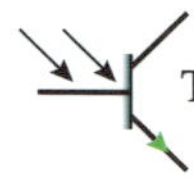


De la même manière que pour les photodiodes, on effectue une ouverture sur la jonction CB d'un transistor bipolaire, de façon à laisser pénétrer la lumière. L'intensité lumineuse reçue joue alors le rôle du courant $I_B$.

L'avantage par rapport aux photodiodes est de disposer directement d'une amplification, grâce à l'effet transistor ($I_C = \beta.I_B$).

L'inconvénient vient du fait que les capacités de liaison (Cj) sont plus importantes. Les temps de commutation seront donc plus lents que ceux des photodiodes (quelques µs contre quelques ns pour les photodiodes).

Les constructeurs précisent les temps de commutation ($t_r$ et $t_f$), l'amplification, le courant $I_c$ dans l'obscurité (de l'ordre de 100 nA), la réponse angulaire.

## V. Émetteur : la DEL (ou LED)

### 1. Présentation

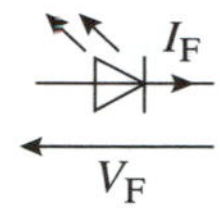


Une LED est une jonction PN (diode), qui, lorsqu'elle est polarisée en direct, émet une lumière d'une longueur d'onde (couleur) précise (rouge, vert, jaune…).

### 2. Caractéristiques

Les constructeurs précisent la valeur de la tension directe ($V_F$) et du courant nécessaire à un bon éclairement ($I_F$). $V_F$ est la « tension de seuil » des LED.
Ils précisent aussi la couleur d'émission, les différents diamètres disponibles (1,8 ; 3 ; 5 ; 8 mm) et les temps de réponse.
Enfin, les valeurs maximums : $I_{F_{max}}$ et $V_{R_{max}}$ (tension inverse maximum).

### 3. Schéma classique d'alimentation

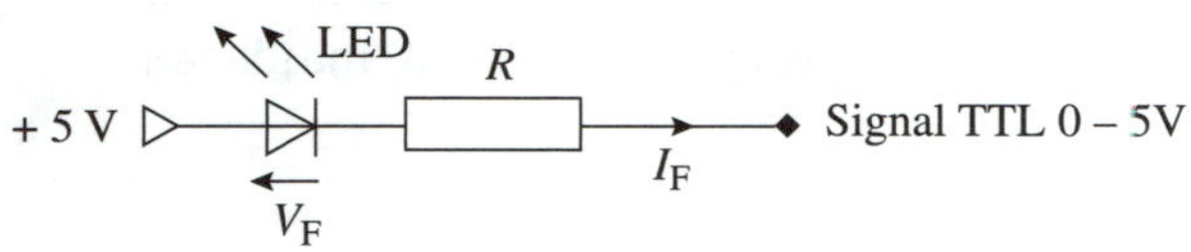


Si le signal TTL vaut 5 volts, le courant $I_F$ ne peut pas circuler, la LED est éteinte ($V_{led} = 0$).
Si le signal vaut 0 volt, le courant $I_F$ peut circuler dans la LED ($V_{led} = V_F$).
Le résistor $R$ sert à fixer le courant $I_F$ dans la LED.
La LED est allumée.

# VI. Émetteur – Récepteur : fonctionnel

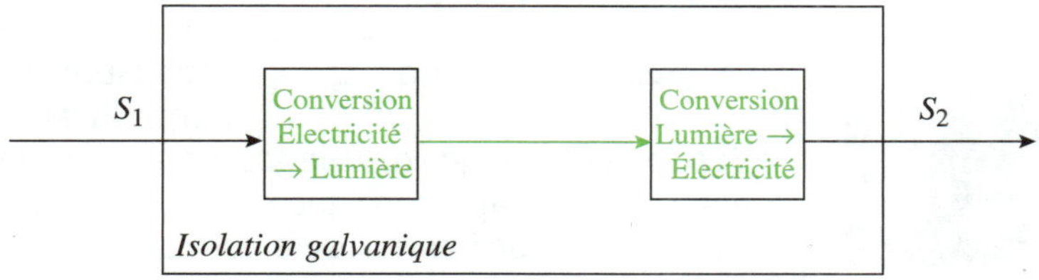


Le signal électrique $S_1$ est transmis sans contact électrique.
$S_1$ et $S_2$ sont généralement des signaux numériques (deux états).
Les circuits électriques $S_1$ et $S_2$ sont isolés électriquement.

# VII. Émetteur – Récepteur : l'optocoupleur

## 1. Présentation

Association dans le même boîtier (isolé de la lumière) d'une LED et d'un phototransistor.

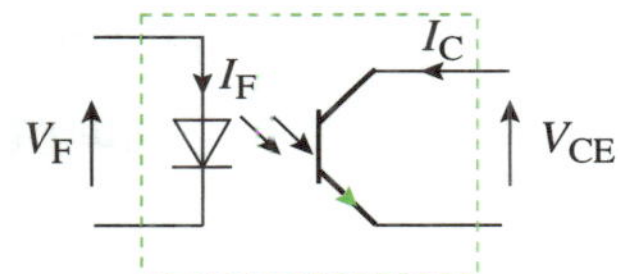


## 2. Caractéristiques techniques

Les constructeurs précisent :

– les caractéristiques de la LED (photoémetteur) ; $V_F$ et $I_F$ (ou la courbe $I_F = f(V_F)$) ainsi que $V_{R_{max}}$ et $I_{F_{max}}$ ;

– le rapport du transfert en courant CTR $= I_C / I_F$, de façon à connaître la valeur du courant disponible en sortie ($I_C$) en fonction du courant traversant la LED ($I_F$) ;

– les caractéristiques du phototransistor : $V_{CE_{sat}}$, $V_{CE_{max}}$, $I_{C_{max}}$ ;

– les temps de commutation ($t_{ON}$ et $t_{OFF}$) et la fréquence maximale d'utilisation (bande passante).

Les optocoupleurs à phototransistor sont généralement assez lents ($t_{ON}$ et $t_{OFF}$ typiquement de quelques µs). Pour des applications rapides, on leur préférera parfois les optocoupleurs à photodiode.

## 3. Exemple d'application

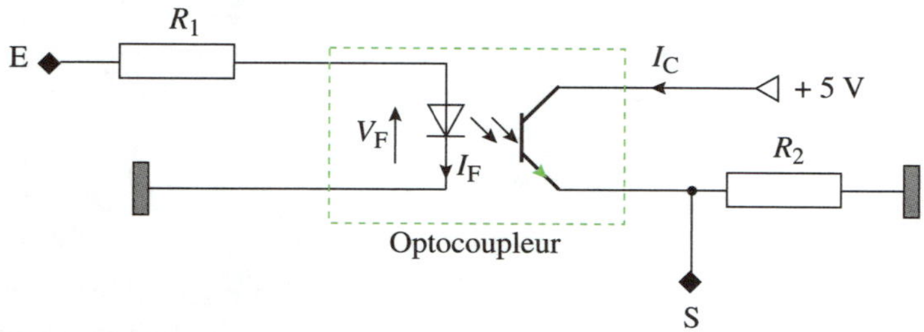


**Étude qualitative**

Si E = 1 ; la LED s'allume, le transistor devient saturé et S = 1.

Si E = 0, La LED est éteinte, le transistor se bloque et S = 0.

**Étude quantitative**

• Caractéristiques techniques de l'optocoupleur :

$I_F = 10$ mA pour $V_F = 1{,}7$ V.

$CTR = I_C / I_F = 200$ %.

$V_{CE_{sat}} = 0{,}2$ V.

• Calcul pour E = 1 ; $V_E = 5$ V.

*Côté émetteur*, on souhaite être au point de fonctionnement donné par le constructeur ($I_F = 10$ mA ; $V_F = 1{,}7$ V).

$I_F = (V_E - V_F) / R_1$, soit $R_1 = 330\ \Omega$ pour avoir $I_F = 10$ mA.

*Côté détecteur*, on souhaite que le phototransistor soit saturé, avec un coefficient de sursaturation $k_S = 3$.

$V_S = 5 - V_{CE_{sat}} = 4{,}8$ V et $I_C = V_S / R_2$.

On veut $I_C = I_F \times CTR / k_S = 6{,}66$ mA, donc $R_2$ doit valoir 721 Ω.

## VIII. La fourche ou photodétecteur

Pour ce composant, on a accès à la zone de transmission de lumière. En venant couper le faisceau lumineux, on rend le phototransistor bloqué (détection). Sinon, il reste saturé.
Les caractéristiques de fonctionnement sont les mêmes que pour les optocoupleurs.

# AFFICHEURS À CRISTAUX LIQUIDES

## I. Principe

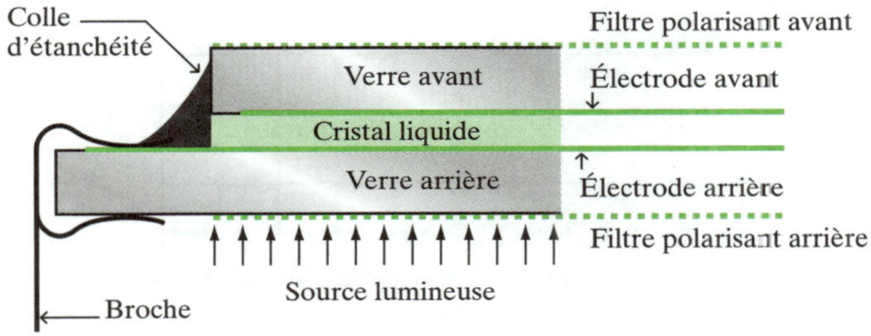


Vue en coupe d'un afficheur à cristaux liquides.

Le cristal liquide est maintenu entre deux plaques de verre, l'étanchéité est obtenue par un liseré de colle faisant le tour des plaques. Au repos, lorsqu'il n'est pas soumis à un champ électrique, le cristal liquide fait tourner la polarisation de la lumière de 90°. Le verre avant et le verre arrière sont chacun recouverts d'un filtre polarisant dont les angles de polarisation sont décalés de 90° (on dit qu'ils sont croisés). Les électrodes avant et arrière sont transparentes.

*En absence de polarisation*, la lumière traverse le filtre polarisant arrière, elle est donc polarisée. En traversant le cristal liquide, la polarisation de la lumière tourne de 90° et peut donc traverser le filtre polarisant avant. L'observateur voit une zone claire.

*Si un potentiel existe entre une électrode arrière et l'électrode avant*, le cristal liquide perd sa propriété rotatoire. En traversant le filtre polarisant arrière, la lumière est polarisée mais maintenant la traversée du cristal liquide ne change plus la direction de cette polarisation et elle ne peut plus traverser le filtre polarisant avant. L'observateur voit une zone sombre.

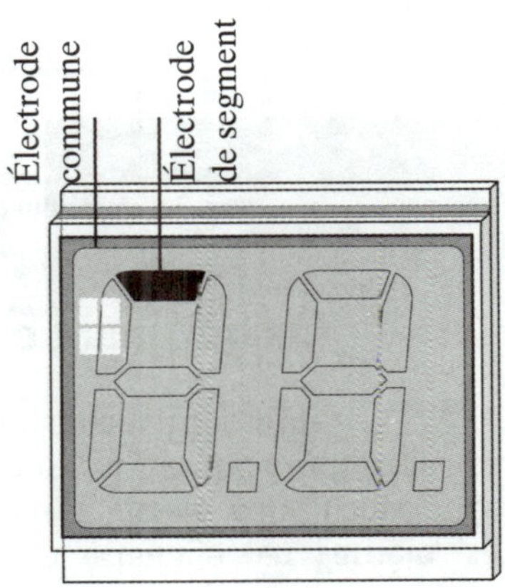


Un afficheur non multiplexé comporte une électrode commune à laquelle font face les électrodes de segments des chiffres. L'afficheur comporte autant de broches que de segments d'affichage plus celle d'électrode commune.

L'afficheur est dit à transmission s'il comporte un éclairage par l'arrière, sa consommation est alors non négligeable mais il est visible dans l'obscurité. Lorsque l'éclairage arrière est remplacé par un miroir, il est dit à réflexion, sa consommation est très faible mais il n'est pas visible dans l'obscurité.

## II. Mise en œuvre d'un afficheur LCD (non multiplexé)

### 1. Commande bipolaire

La grandeur de commande d'un afficheur à cristaux liquides appliquée entre segment et commun doit être alternative et de valeur moyenne nulle. La visibilité du segment dépend alors de la valeur efficace de la tension appliquée.

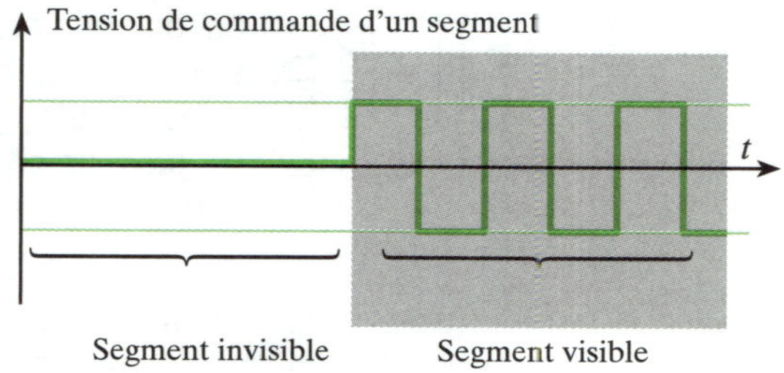


Si l'électrode commune est reliée à la masse, la tension de commande de segment doit être bipolaire.

### 2. Commande unipolaire

Il est possible d'utiliser une alimentation unipolaire si on porte l'électrode commune à potentiel périodique.

Les électrodes de segments sont portées à un potentiel périodique :

– complémentaire du signal d'électrode commune, le segment est alors visible,

– ou identique au signal d'électrode commune, le segment est alors invisible.

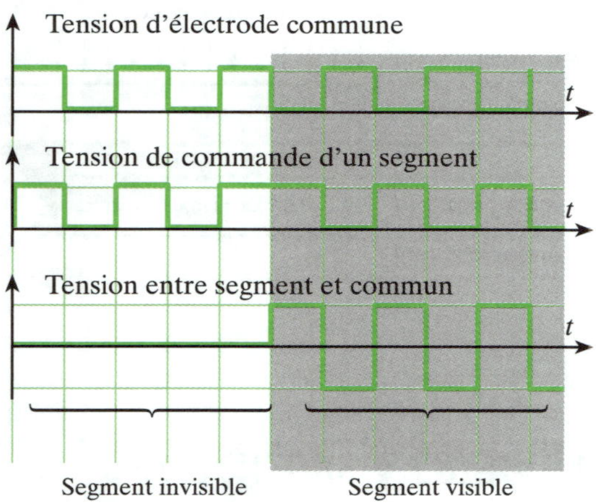

### 3. Circuit de commande

On peut utiliser un opérateur OU exclusif pour mettre en forme un signal de commande de segment. L'information A est associée à l'état clair ou foncé de l'afficheur.
COM est un signal périodique, de rapport cyclique 0,5.

- Si A = 0 alors $S_A$ = COM, le segment est clair
- Si A = 1 alors $S_A = \overline{COM}$, le segment est foncé.

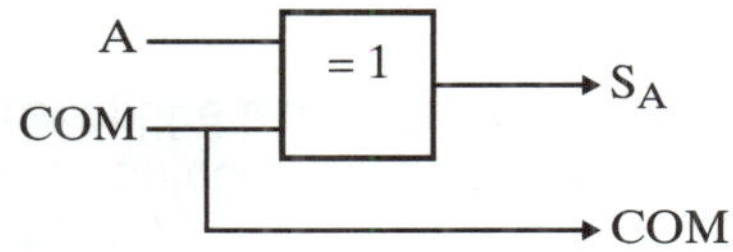


Circuit de commande

## III. Repérage des segments et digits d'un afficheur à 7 segments

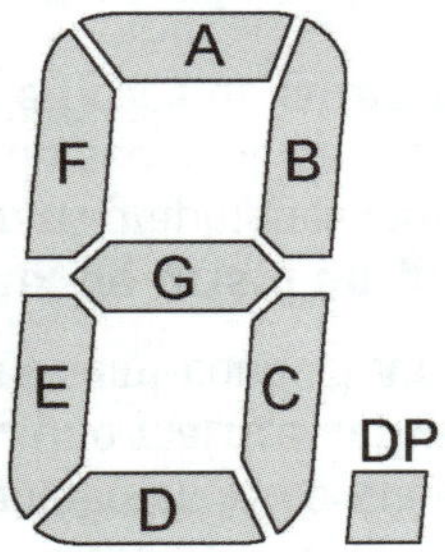


Repérage des segments

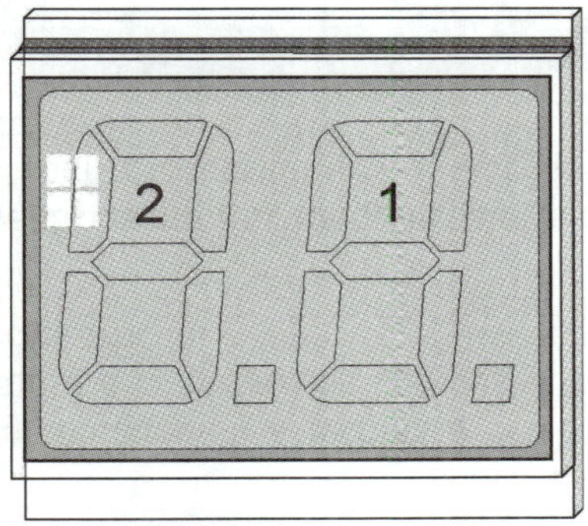


Repérage des digits

Chaque segment est repéré par une lettre conformément à la représentation ci-dessus Le segment DP sert à l'affichage d'un point décimal.
Un digit représente un caractère. Ils sont repérés de la droite vers la gauche (du poids faible vers le poids fort). Le premier digit, celui le plus à droite a le repère 1.

## IV. Autres types d'afficheurs

### 1. Afficheur multiplexé semi-graphique

Chaque caractère de ce type d'afficheur est constitué d'une matrice de points :

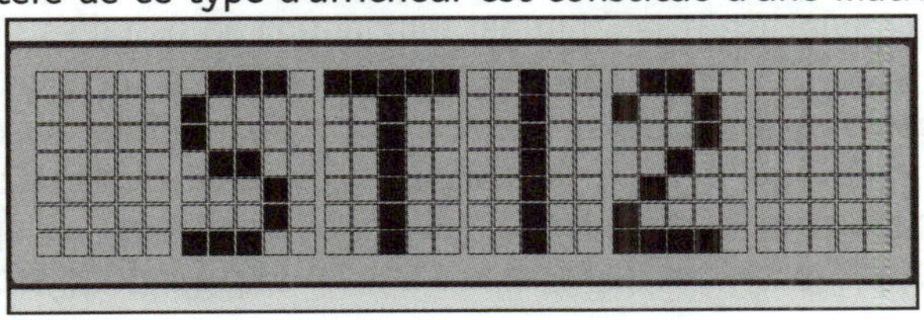

Il est ainsi possible d'afficher d'autres caractères que les dix chiffres décimaux.
Il est difficile de relier électriquement les électrodes au circuit de commande. On y parvient en conjuguant deux techniques :
– le multiplexage de l'afficheur : l'électrode commune est scindée en plusieurs éléments recevant un potentiel séquentiel particulier.
– la connexion se passe de connecteur métallique. Il est remplacé par l'interposition entre l'afficheur et le circuit imprimé d'un dispositif conducteur souple.

## 2. Écrans graphiques

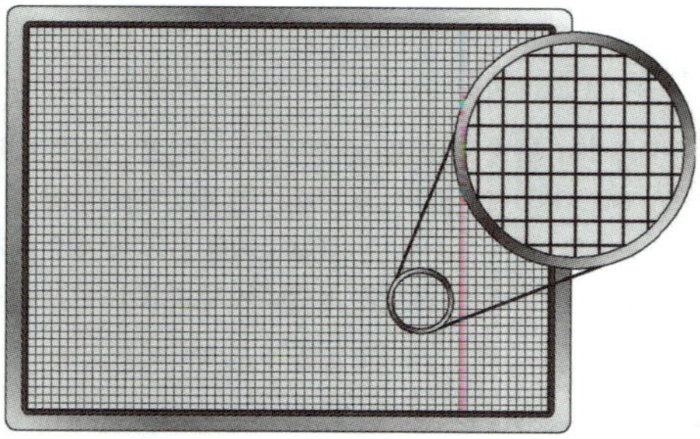

Les écrans graphiques comportent une grande matrice de points. Il est possible de tracer des caractères mais aussi des graphiques avec cette disposition. Ces écrans sont obligatoirement multiplexés.
Un point élémentaire de l'écran est appelé *pixel* (***pi****cture* ***el****ement*).

**Écrans à matrice active**

Pour améliorer le contraste des écrans graphiques on a recours à une matrice active. Une matrice active comporte, déposé à la surface de l'un des verres, un élément semi-conducteur pour chaque pixel affiché.

**Niveaux de gris d'un pixel**

Les écrans graphiques monochromes doivent pouvoir restituer une palette de gris allant du segment clair au segment noir. Pour restituer un gris, il faut ajuster la valeur efficace de la tension appliquée au pixel.

## 3. Écran graphique couleur

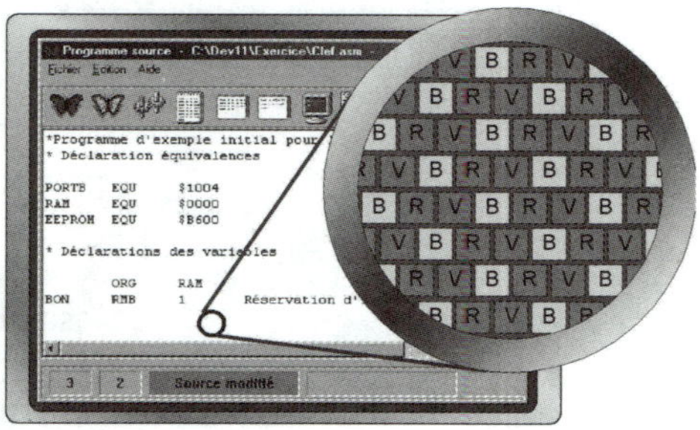


Pour reconstituer l'impression colorée, chaque pixel est recouvert d'un filtre coloré de teinte rouge verte ou bleue.

Un point de l'image nécessite en réalité trois pixels colorés rouge, vert et bleu formant une triade.

## 4. Afficheur à circuit de commande intégré

La majorité des afficheurs graphiques ou semi-graphiques sont commercialisés assemblés avec leur circuit de commande, cela simplifie leur mise en œuvre.

# L'ALI (AMPLIFICATEUR LINÉAIRE INTÉGRÉ)

## I. Présentation fonctionnement

### 1. Symbole

Il comporte 3 broches d'utilisation :

- Une entrée notée –, appelée entrée inverseuse
- Une entrée notée +, appelée entrée non inverseuse
- Une sortie S.

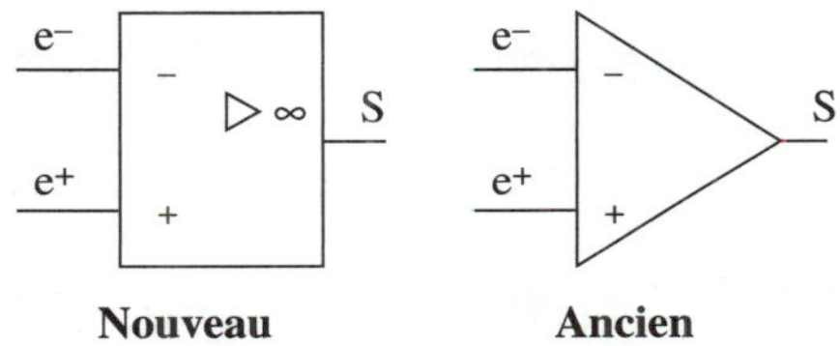


À ces trois broches, s'ajoutent les entrées **d'alimentation** de l'ALI :

- Une entrée d'alimentation positive.
- Une d'alimentation négative.

### 2. Notations

On a $\varepsilon = V^+ - V^-$.

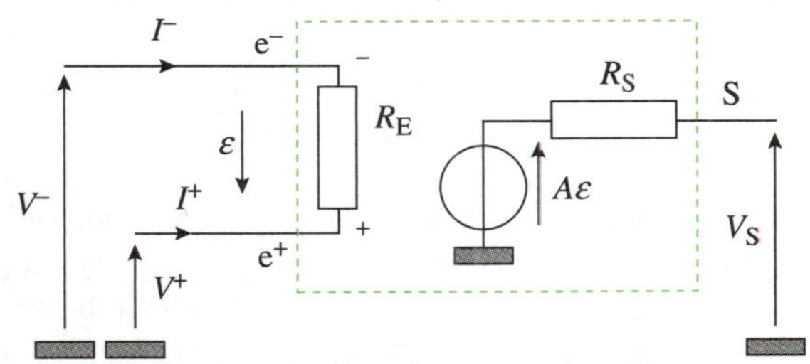


Dans le cas où l'ALI est considéré comme idéal :

- $A \to \infty$.
- $I^+ = I^- = 0$.
- $R_e \to \infty$
- $R_s \to 0$.

Alors $V_s = A \, . \, \varepsilon$.

## II. Modes de fonctionnement

### 1. Régime linéaire

Ce régime se reconnaît lorsque l'entrée – est reliée à la sortie, soit par un composant, soit par une liaison directe. On parlera de réaction négative.

En considérant l'ALI parfait (ou idéal), les relations, dans ce cas, sont les suivantes :

- $I^+ = I^- = 0$
- $V^+ = V^-$ (donc $\varepsilon = 0$)

Afin de trouver la relation liant la tension de sortie du montage à la, ou aux tensions d'entrée, dans un montage à ALI fonctionnant en régime linéaire, il faut écrire les relations liant $V^+$ et $V^-$ aux tensions d'entrée et de sortie. Puis, on écrit $V^+ = V^-$ afin d'exprimer $V_s$ en fonction des tensions d'entrée.

### 2. Régime non linéaire (ou comparateur)

Ce régime se reconnaît lorsque l'entrée + est reliée à la sortie (par un composant, ou une liaison directe) soit lorsqu'il n'y a pas de liaison entre la sortie et les entrées.
En considérant l'ALI parfait (ou idéal), les relations fondamentales, dans ce cas, sont les suivantes :

- $I^+ = I^- = 0$ ;
- $V_s = V^+_{sat}$, si $V^+ > V^-$ ;
- $V_s = V^-_{sat}$, si $V^+ < V^-$.

Afin de trouver la valeur de la tension de sortie dans un montage à ALI fonctionnant en régime comparateur, il faut donc calculer la valeur des tensions $V^+$ et $V^-$ et les comparer entre elles : si $V^+ > V^-$, $V_s = V^+_{sat}$, si $V^+ < V^-$, $V_s = V^-_{sat}$.

## III. Caractéristiques techniques

**• Tension de décalage d'entrée (Input Offset Voltage)**

Les étages d'entrée ne sont pas parfaitement symétriques. La tension de décalage est une tension de défaut (qq mV) qui s'ajoute aux entrées et décale la sortie.

**• Courants de décalage d'entrée (Input Offset Current)**

La résistance d'entrée n'étant pas réellement infinie , les courants d'entrée $I^+$ et $I^-$ ne sont pas strictement nuls.
On définit $I_{bias}$ (courant de polarisation) = $(I^+ + I^-) / 2$.

**• Résistances d'entrée et de sortie ($R_e$ et $R_s$)**

$R_e$ et $R_s$ sont en fait finies.
On cherchera toujours à avoir de petites impédances de sortie, afin d'éviter que le courant de sortie occasionne une chute de tension trop importante.

**• Courant de sortie maximum ($I_{out_{max}}$)**

C'est le courant maximal que l'ALI peut débiter en sortie. Les constructeurs précisent cette valeur. Il limitera la charge connectée en sortie de l'ALI.

**• Tension de déchet des alimentations**

La sortie peut en théorie varier entre les tensions d'alimentation :

$$V^-_{alim} < V_S < V^+_{alim}.$$

Or, en réalité, il existe des tensions de déchet $\Delta V_{alim}$, qui empêche $V_s$ d'atteindre ces limites. On a : $V^-_{alim} + \Delta V^-_{alim} < V_s < V^+_{alim} - \Delta V^+_{alim}$ ($V^-_{sat} < V_s < V^+_{sat}$).

**• La vitesse de montée (slew rate)**

Cette vitesse limite la montée et la descente du signal de sortie (en V/s ou V/µs).

*Exemple*

Pour un slew rate donné de 0,3 V/µs :
le signal de sortie ne peut varier plus vite que 0,3 V par µs. Pour aller de 0 à 5 V, il lui faut donc 5 / 0,3 = 16,7 µs. Plus le slew rate sera élevée, plus l'ALI sera rapide.

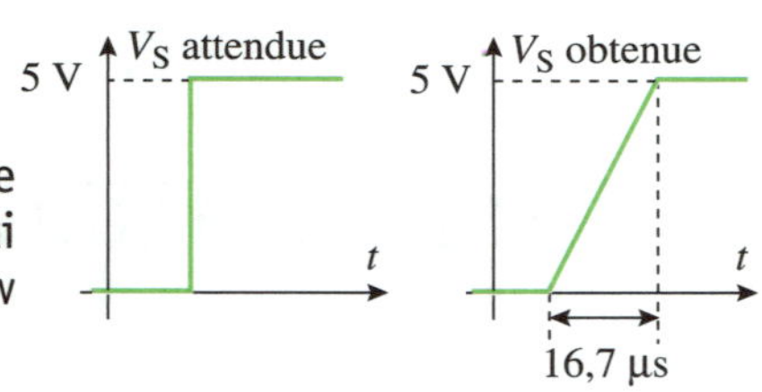

# LES MONTAGES À ALI

## I. Montages en linéaire

### 1. Suiveur (pour adaptation d'impédance)

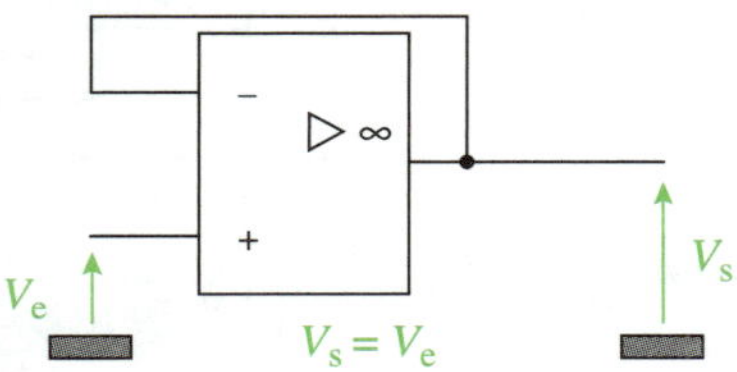


$$V_s = V_e$$

### 2. Inverseur

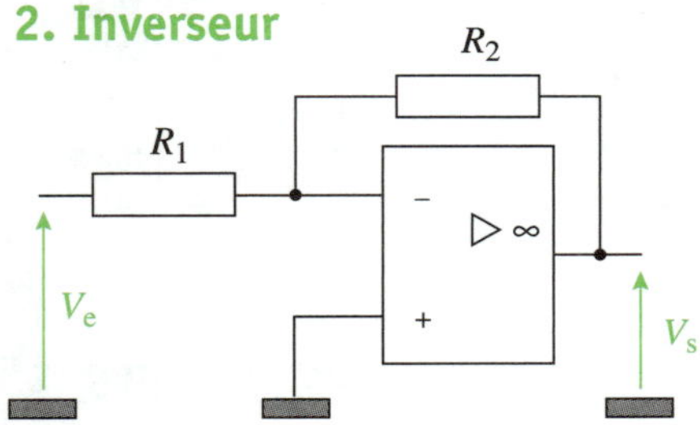


$$V_s = \frac{-V_e \times R_2}{R_1}$$

Si $R_2 = R_1$, $V_s = -V_e$.

### 3. Non-inverseur

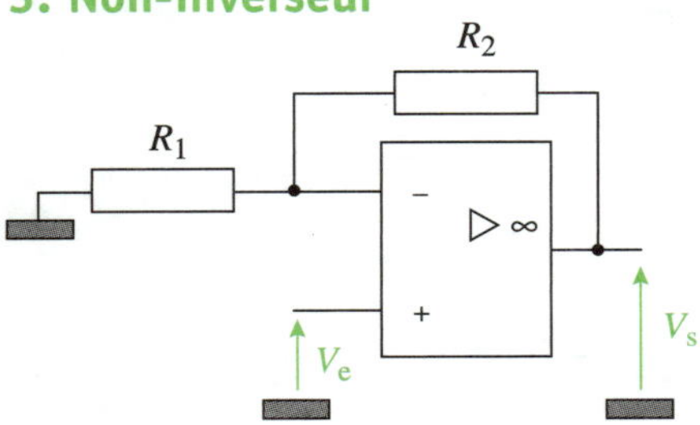


$$V_s = \left(1 + \frac{R_2}{R_1}\right) V_e$$

### 4. Additionneur inverseur

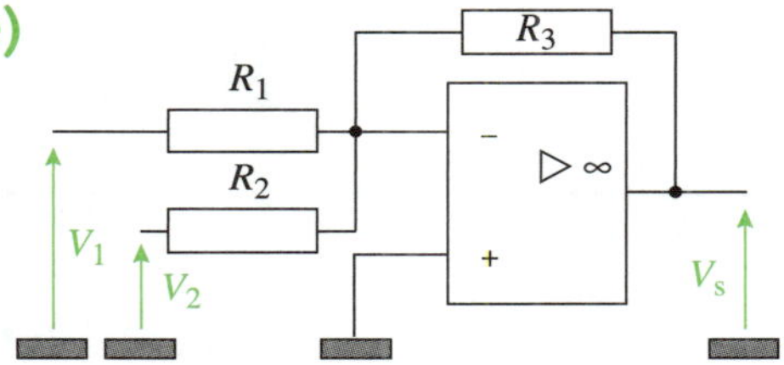


$$V_s = -R_3 \times \left(\frac{V_1}{R_1} + \frac{V_2}{R_2}\right)$$

Si $R_1 = R_2 = R_3$, $V_s = -(V_1 + V_2)$.

### 5. Conversion courant-tension

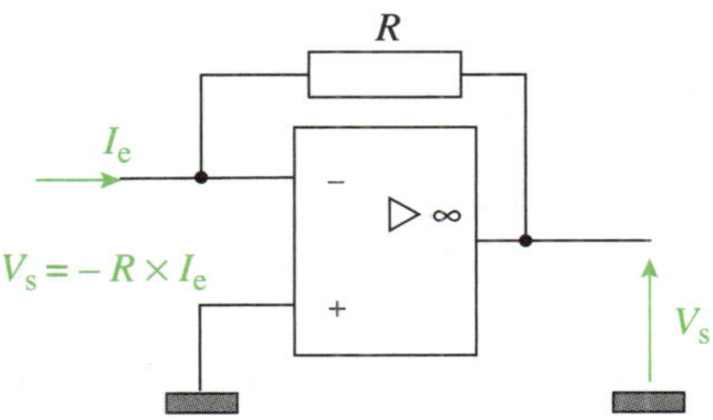


$$V_s = -R \times I_e$$

### 6. Conversion tension-courant

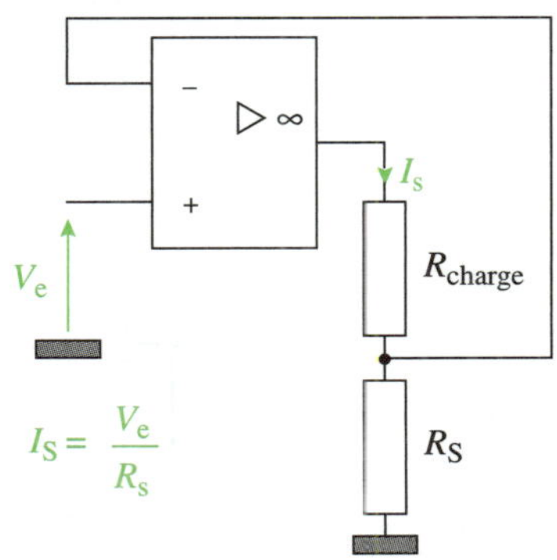


$$I_S = \frac{V_e}{R_s}$$

### 7. Soustracteur

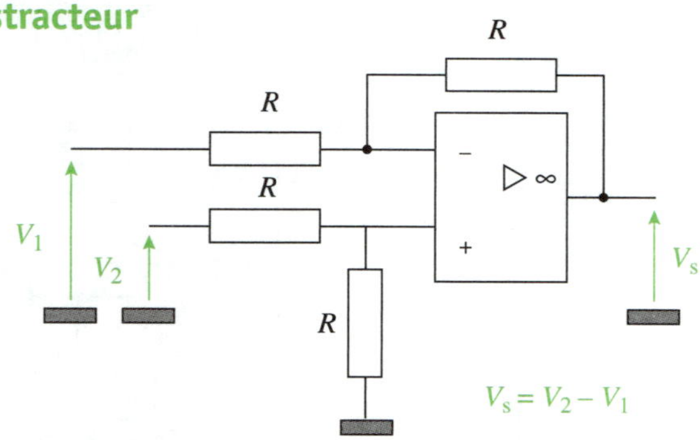


## II. Montages comparateurs

On supposera les ALI alimentés en ± 10 volts et des tensions de déchet de 1 volt.
On a donc :

$$V_s = \pm 9 \text{ volts.}$$

### 1. Sans réaction positive

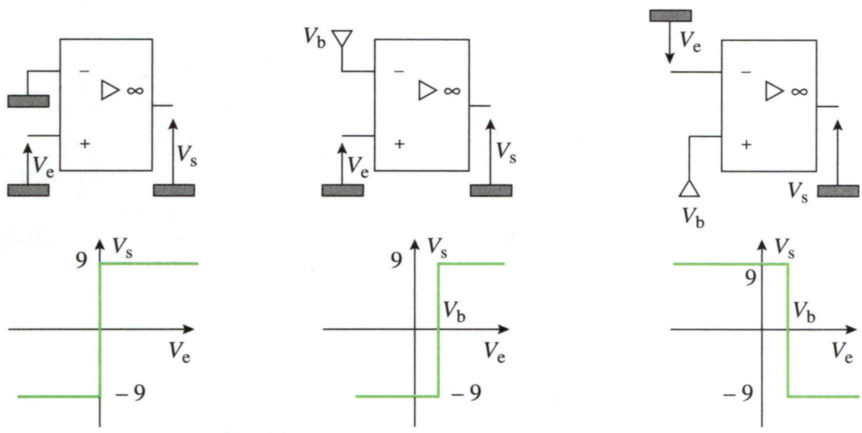


Pour le premier schéma, si on inverse les entrées + et –, on inverse le cycle $V_s = f(V_e)$.

### 2. Avec réaction positive

Dans les cas précédents, la sortie n'agit pas sur l'entrée. Il n'y a qu'un seuil de basculement ($V_b$). Lorsqu'on procède à un rebouclage de la sortie sur l'entrée non inverseuse, il apparaît deux seuils de basculement $V_{b_1}$ et $V_{b_2}$. Les valeurs de ces basculements dépendent du sens de variation de l'entrée (de $V_{b_1}$ vers $V_{b_2}$ ou inversement), ce qui donne un cycle dit d'hystérésis.

Raisonnons sur le montage suivant :

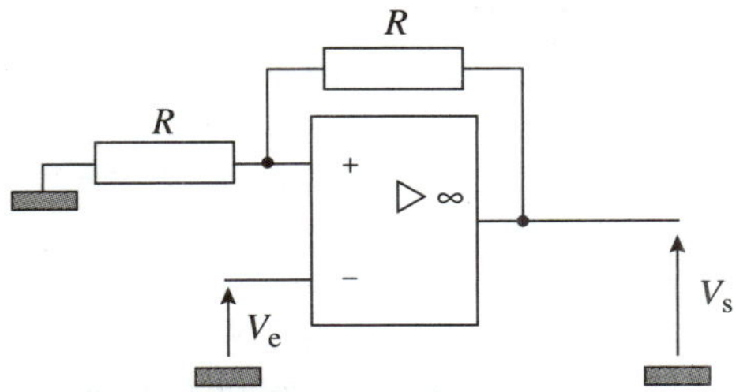


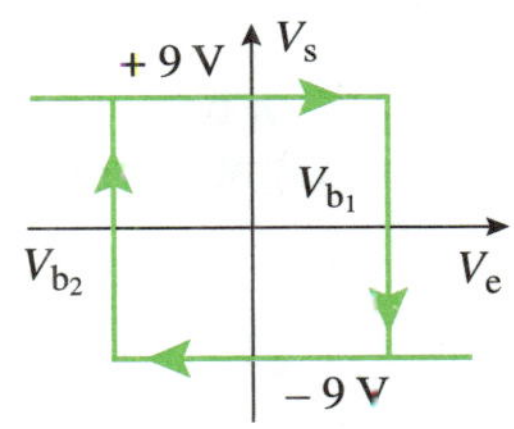


Entrée non inverseuse : $V^+ = V_s \times \dfrac{R}{R+R} = \dfrac{V_s}{2}$.

- Pour $V_s = V^+_{sat} \rightarrow V_{b_1} = 4{,}5$ volts.
- Pour $V_s = V^-_{sat} \rightarrow V_{b_2} = -\,4{,}5$ volts.

Ce qui donne le cycle d'hystérésis ci-contre.

## 3. Montage astable

Ce montage, comme son nom l'indique, n'a pas d'état stable. Sa sortie va passer inlassablement de $V^+_{sat}$ à $V^-_{sat}$.

L'ALI fonctionne bien en comparateur vu que l'on procède à un rebouclage de la sortie sur l'entrée non inverseuse (+). Les seuils de basculement (sur l'entrée non inverseuse) sont les mêmes que précédemment : $V_{b_1} = V^+_{sat}/2 = 4{,}5$ V et $V_{b_2} = V^-_{sat}/2 = -\,4{,}5$ V.

La tension Vc va osciller entre ces deux valeurs.

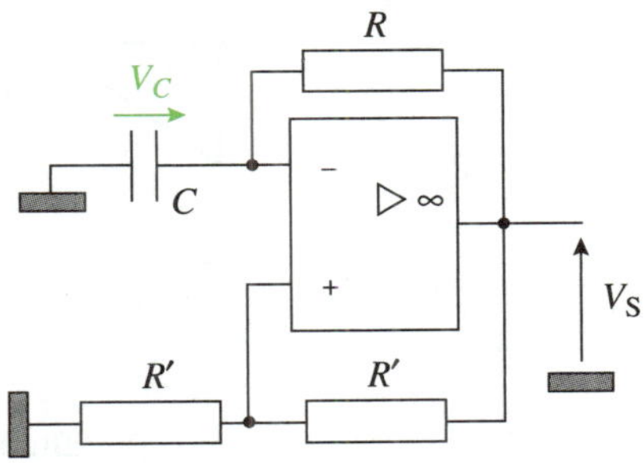


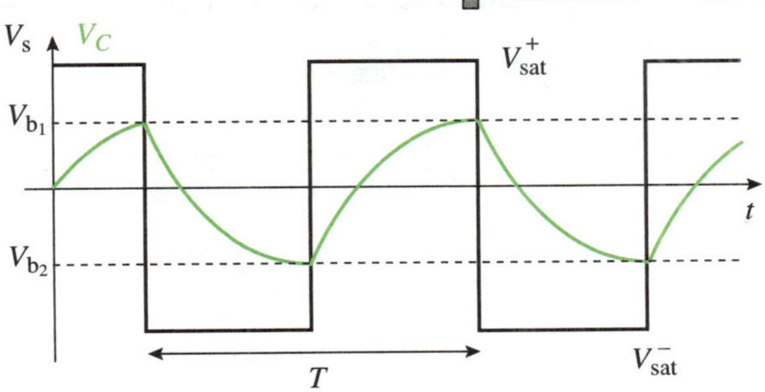


Pour ce montage, on a : $T = 2\,RC \ln 3$.

# III. Exemple d'application : Modulation à Largeur d'Impulsion (MLI)

## 1. Montage

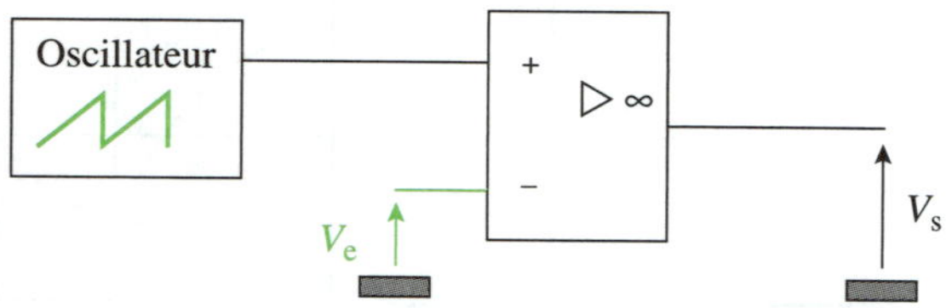


La tension d'entrée $V_e$ est une tension de commande.

## 2. Fonctionnement

Exemple pour deux valeurs de $V_e$ :

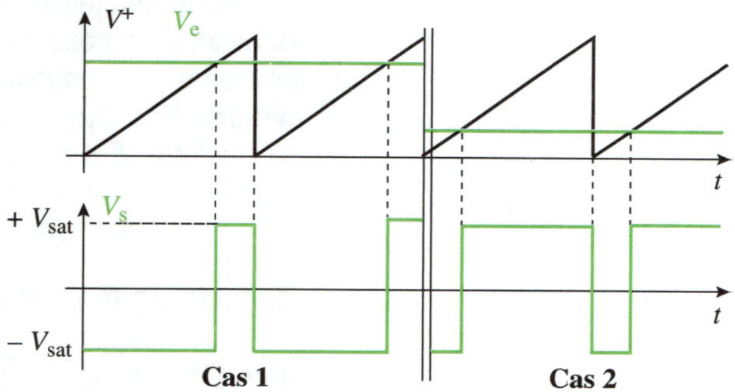


On s'aperçoit, dans les deux cas, que le rapport cyclique de la sortie (et aussi la valeur moyenne $V_s$) est fonction de la valeur de la tension d'entrée $V_e$.

Ce montage est utilisé pour créer des tensions à rapport cyclique variable ou dans les régulateurs de tension moyenne, ou pour la transmission par MLI.

# I. Présentation / fonctionnement

## 1. Présentation fonctionnelle

- Si $V_{e_1} < V_{e_2} \Rightarrow V_s = V_{s_1}$.
- Si $V_{e_1} > V_{e_2} \Rightarrow V_s = V_{s_2}$.

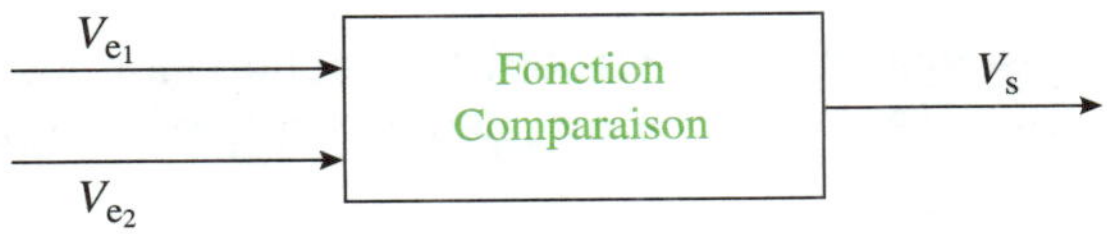


## 2. Le comparateur

$V_d = V(e^+) - V(e^-)$ est appelée tension différentielle d'entrée.

◇ : sortie à collecteur ouvert.

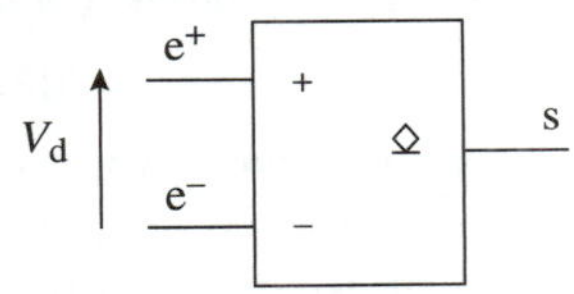


La propriété des comparateurs est de disposer en général d'une sortie à collecteur ouvert (◇). On pourra ainsi choisir les valeurs $V_{s_1}$ et $V_{s_2}$ de la tension en sortie. Ils sont donc souvent utilisés en adaptation de signal vers des portes logiques TTL, CMOS, etc.

## 3. Collecteur ouvert

Le collecteur (S) du transistor *Q* de sortie est laissé « en l'air ». C'est à l'utilisateur de relier ce collecteur à la tension souhaitée.

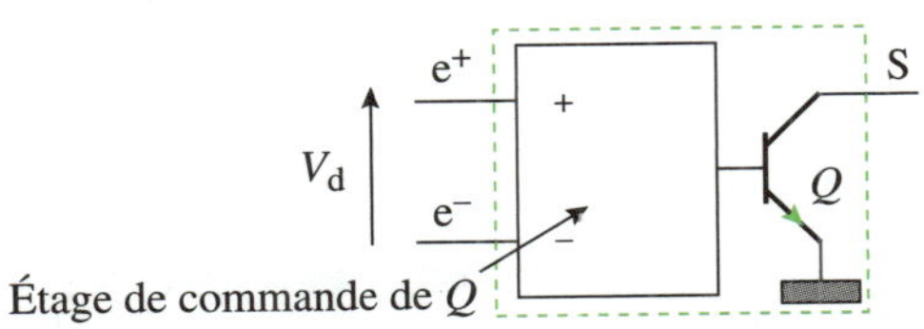


- Si $V(e^+) > V(e^-)$, alors $V_d$ est positif, le circuit interne de commande du comparateur bloque le transistor *Q*.

- Si $V(e^+) < V(e^-)$, alors $V_d$ est négatif, le circuit interne de commande du comparateur sature le transistor *Q*.

## II. Montage classique

• Si la tension d'entrée $V_e$ est supérieure à la tension de référence ($V_{ref}$), $Q$ est alors bloqué (assimilable à un interrupteur ouvert) donc $V_s = V_{cc}$.

• Si la tension d'entrée $V_e$ est inférieure à la tension de référence ($V_{ref}$), $Q$ est alors saturé (assimilable à un interrupteur fermé) donc $V_s = 0$ V.

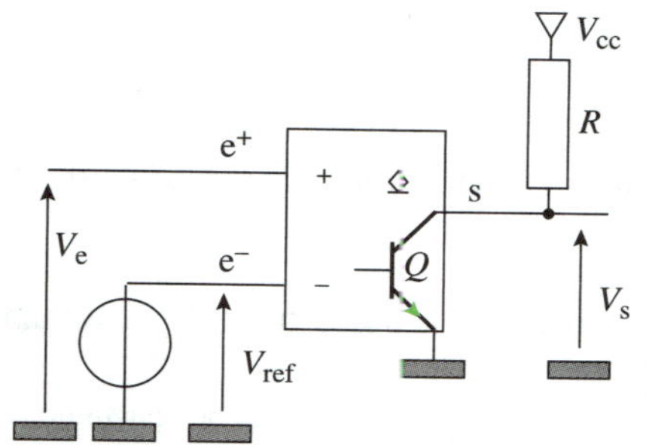


## III. Caractéristiques techniques

**• Tension de sortie en saturation**

C'est la valeur de la tension de saturation du transistor de sortie ($V_{CE_{sat}}$), si la sortie est à collecteur ouvert.

$V_{CE_{sat}}$ est une tension petite, souvent très peu gênante dans les applications.

**• Le temps de réponse ou délais**

C'est le temps de réaction de la sortie quand on applique un échelon de tension à l'entrée (variation instantanée). La sortie doit alors changer instantanément de valeur (basculement). Mais, en réalité, il subsistera un petit temps de réaction appelé temps de réponse. Les temps de réponse ($t_r$) dépendent de la valeur de l'échelon d'entrée. Ils se décomposent en deux temps :

– un temps de réaction du comparateur ;

– un temps de montée (ou de descente) dépendant de la vitesse (slew-rate) du comparateur.

**• Tensions d'alimentation**

Comme tout composant à circuit intégré, le comparateur nécessite des tensions d'alimentation continues pour son fonctionnement (nécessaires à la polarisation des transistors internes).

Les constructeurs précisent la plage d'alimentation du comparateur en alimentation **unipolaire** ou **bipolaire**.

**• Défaut des entrées $e^+$ et $e^-$**

Les constructeurs précisent les valeurs des défauts des entrées :

– courant $I_{bias}$ d'entrée ;

– courant de décalage (d'offset) d'entrée ;

– tension de décalage (d'offset) sur les entrées.

# I. Fonction Intégration

## 1. Fonctionnel

$$s(t) = K.\int e(t)\mathrm{d}t.$$

## 2. Montage théorique

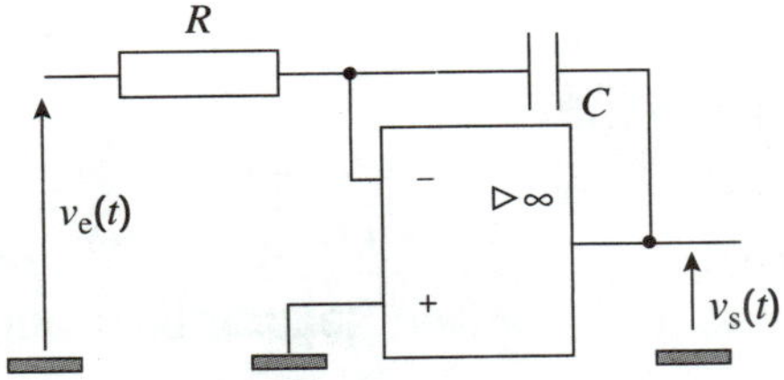


$$v_s(t) = \frac{-\int v_e(t)\mathrm{d}(t)}{RC}$$

## 3. Montage avec correction

Afin d'éviter les problèmes de saturation de l'ALI dus à la tension de décalage des entrées et aux courants d'entrée ($I_{bias}$), on ajoute en parallèle sur $C$ un résistor dont la résistance $r$ est très grande devant $R$.

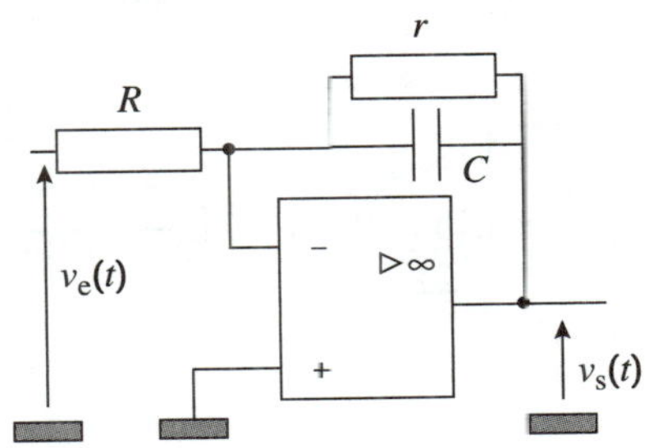


## 4. En régime fréquentiel

$$T(\mathrm{j}\omega) = \frac{V_s(\mathrm{j}\,\omega)}{V_e(\mathrm{j}\,\omega)} = \frac{-\frac{r}{R}}{1 + rC\mathrm{j}\,\omega}.$$

*(cf. fiche Filtre.)*

$$G_0 = 20 \log \frac{r}{R}$$

$$\omega_c = \frac{1}{rC}$$

$$\omega_0 = \frac{1}{RC}$$

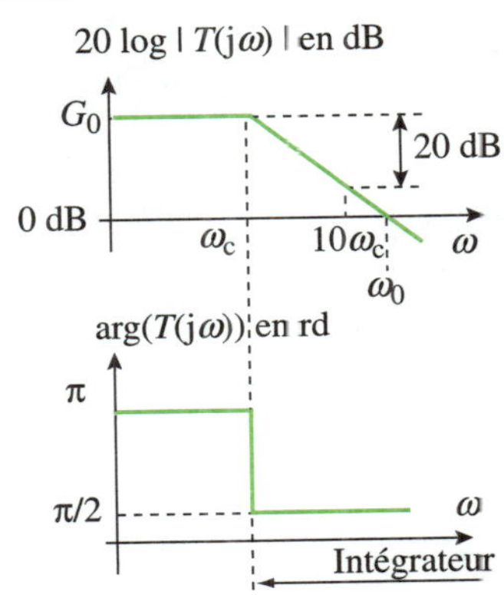


Diagrammes asymptotiques de Bode de $T(j\omega)$

# II. Fonction Dérivation

## 1. Fonctionnel

$e(t)$ ⟶ Dérivation ⟶ $s(t)$

$$s(t) = K\,\frac{de(t)}{dt}$$

## 2. Montage théorique

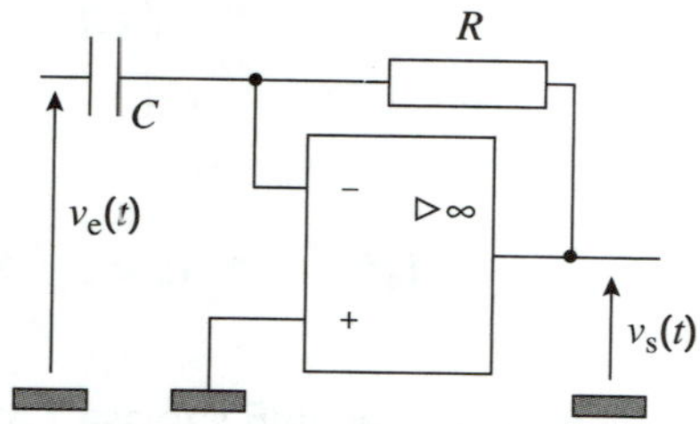


$$v_s(t) = -RC\,\frac{dv_e(t)}{dt}$$

## 3. Montage avec correction

Afin d'éviter des phénomènes transitoires indésirables, on ajoute un résistor en série avec $C$, dont la résistance $r$ est très petite devant $R$.

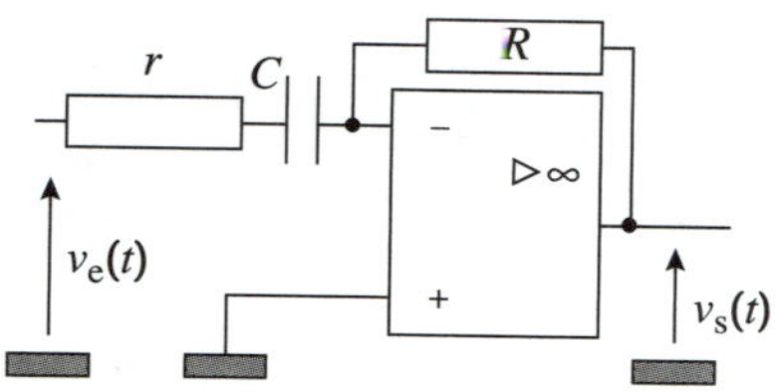


## 4. En régime fréquentiel

$$T(j\omega) = \frac{V_s(j\omega)}{V_e(j\omega)} = \frac{-RCj\omega}{1 + rCj\omega}.$$

*(cf. fiche Filtre.)*

$$G_C = 20 \log \frac{R}{r}$$

$$\omega_C = \frac{1}{rC}$$

$$\omega_0 = \frac{1}{RC}$$

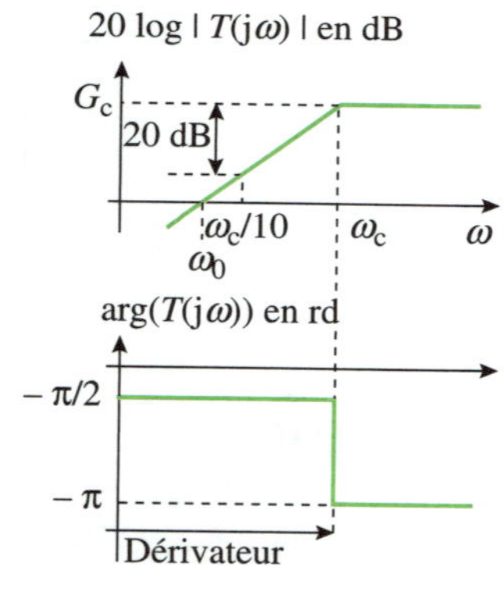


Diagrammes asymptotiques de Bode de $T(j\omega)$

# FILTRAGE DU 1er ORDRE

## I. Fonction de transfert

• **En temporel :**

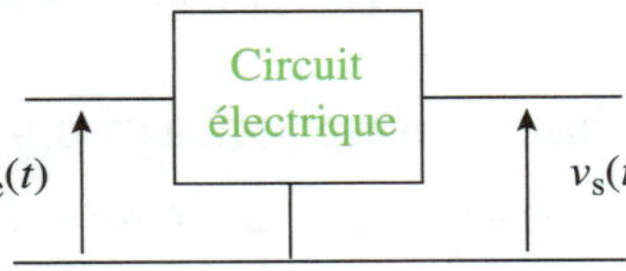


$v_e(t) = V_e \sin(\omega t + \varphi_e)$
$v_s(t) = V_s \sin(\omega t + \varphi_s)$

• **En fréquentiel :**

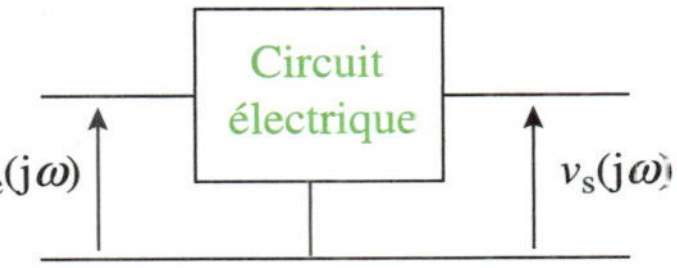


$v_e(j\omega) = V_e \,.\, e^{j\omega t}$
$v_s(j\omega) = V_s \,.\, e^{j(\omega t + \varphi)}$

Fonction de transfert : $T(j\omega) = \dfrac{V_s(j\omega)}{V_e(j\omega)}$

→ $|T(j\omega)| = \dfrac{V_s}{V_e}$ est le module $T(j\omega)$.

→ $\varphi(T(j\omega)) = \varphi_s - \varphi_e$, est l'argument $T(j\omega)$

$\omega = 2\pi f$ est la pulsation.
$V_e$ et $V_s$ sont les amplitudes des tensions d'entrée et de sortie.
$\varphi = \varphi_s - \varphi_e$, le déphasage entre la tension d'entrée et celle de sortie.

## II. Composants classiques en écriture complexe

 $Z_R = R$  $Z_L = jL\omega$  $Z_C = \dfrac{1}{jC\omega}$

## III. Représentation graphique

Le module $|T(j\omega)|$ et le déphasage $\varphi(T(j\omega))$ de la fonction de transfert sont des grandeurs dépendantes de la pulsation $\omega$, donc de la fréquence ($\omega = 2.\pi.f$).

On représentera donc une fonction de transfert par 2 graphiques, appelés DIAGRAMMES de BODE :

- Un pour le module ou gain (amplification)
- Un pour l'argument (déphasage)

### 1. Les décibels

Le module d'une fonction de transfert est, par définition, toujours positif et sans unité.
On peut exprimer alors ce module en décibel (noté dB) :

$$|T(j\omega)|_{dB} = 20 \log(|T(j\omega)|).$$

### 2. Les échelles logarithmiques

Afin de pouvoir lire sur le même graphe les valeurs du module ou de l'argument pour des grandes plages de fréquence, nous allons abandonner les échelles linéaires au profit des échelles logarithmiques.

En échelle linéaire, chaque graduation augmente la valeur d'une même quantité :

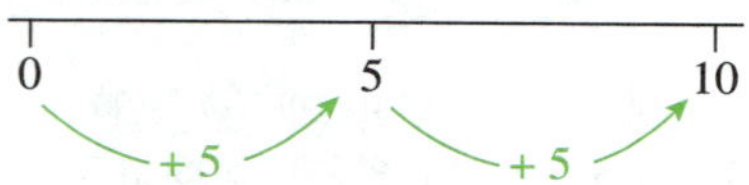


En échelle logarithmique, chaque graduation multiplie la valeur par 10 ce qui correspond à une décade :

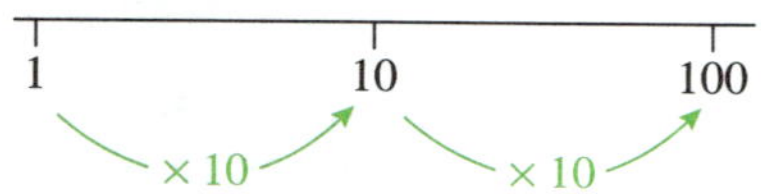


## IV. Filtre passe-bas du premier ordre

### 1. Forme canonique de la fonction de transfert

$$T(j\omega) = \frac{V_s(j\omega)}{V_e(j\omega)} = \frac{A}{1 + \frac{j\omega}{\omega_c}}.$$

– $\omega_c$ est la pulsation de coupure.

– $f_c = \omega_c / 2\pi$ est la fréquence de coupure.

– $A$ est l'amplification statique.

On a donc $|T(j\omega)|_{dB} = 20 \log\left[\frac{A}{\sqrt{1 + \left(\frac{\omega}{2\pi f_c}\right)^2}}\right]$

et $\varphi[T(j\omega)] = -\arctan(\omega/2.\pi.f_c)$.

## 2. Représentation graphique du module

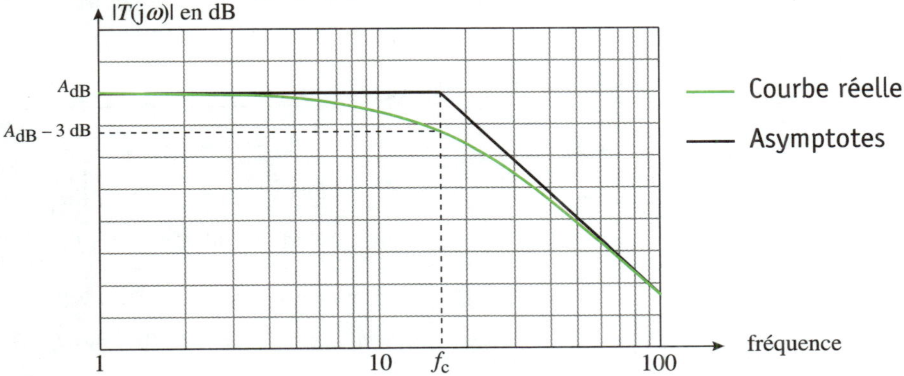


## 3. Représentation graphique du déphasage

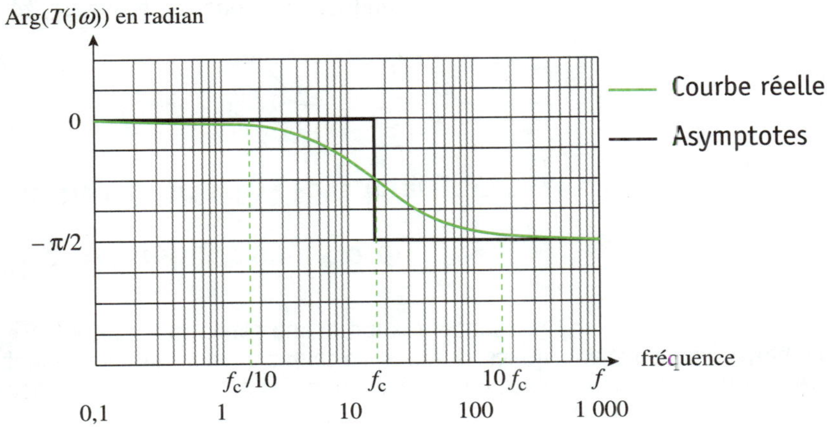


## 4. Points remarquables des tracés

- À la fréquence de coupure, le gain vaut $A_{dB}$ – 3 dB (ce qui correspond à une division par $\sqrt{2}$) et le déphasage est de $\pi/4$.
- La pente de la courbe du gain pour $f >> f_c$ est de – 20 dB par décade.
- Pour un signal d'entrée de fréquence très inférieure à $f_c$, le signal de sortie sera celui d'entrée multiplié par A (même amplitude, pas de déphasage).
- Pour un signal d'entrée de fréquence très supérieure à $f_c$, le signal de sortie sera atténué et déphasé de $\pi/2$ (quadrature).
- Plus la fréquence du signal d'entrée sera grande devant $f_c$, plus le signal de sortie sera atténué.

- Pour un signal d'entrée continu, (donc de fréquence 0 Hz), le signal de sortie sera continu et de valeur $AV_e$.

## V. Méthode d'analyse d'un filtre passe-bas du 1er ordre

- Il suffit de trouver la fonction de transfert $T(j\omega) = V_s(j\omega) / V_e(j\omega)$, en utilisant les lois de l'électronique et en donnant aux composants leur valeur complexe.

- Ensuite, $T(j\omega)$ sera mise sous forme canonique afin de pouvoir identifier puis calculer $A$ et $f_c$ en fonction des composants du montage.

- Il ne reste plus qu'à tracer les diagrammes de Bode du module et de l'argument de la fonction de transfert en commençant par tracer les asymptotes puis en extrapolant la courbe réelle grâce aux points remarquables.

- Ainsi, en connaissant le signal d'entrée (amplitude, fréquence), on pourra graphiquement déterminer le signal de sortie et savoir quelles sont les fréquences qui « passeront » et celles qui seront « bloquées ».

## VI. Filtre passe-haut du 1er ordre

### 1. Fonction de transfert sous forme canonique

$$T(j\omega) = \frac{V_s(j\omega)}{V_e(j\omega)} = \frac{A}{1-\dfrac{\omega_0}{j\omega}} = \frac{A\dfrac{j\omega}{\omega_0}}{1+\dfrac{j\omega}{\omega_0}}.$$

$f_0 = \omega_0/2\pi$ est la fréquence de coupure.

Ce filtre laisse passer uniquement les signaux de haute fréquence ($> f_0$).

### 2. Tracés de Bode

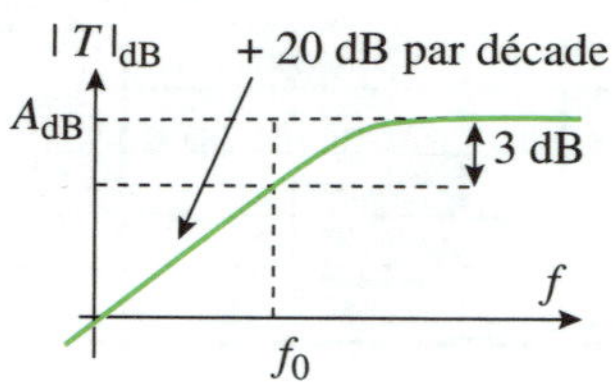


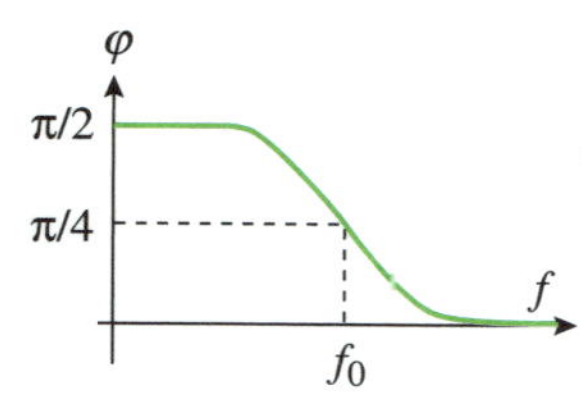

# L'ALIMENTATION CONTINUE RÉGULÉE : PRÉSENTATION

Les circuits électroniques utilisent généralement des tensions d'alimentation continues de faible valeur (5 V, 12 V, 24 V, etc.). Pour un bon fonctionnement, ces alimentations doivent être régulées de façon à éviter toute variation d'amplitude.
Or, la seule alimentation dont on dispose dans un lieu ordinaire (habitation, lieux commerciaux...) est le réseau électrique 230 V, 50 Hz. Cette tension est une tension sinusoïdale de valeur efficace 230 V et de période 50 Hz.

L'étude fonctionnelle donnée ci-dessous et son schéma structurel correspondant sont la représentation d'une alimentation continue classique de puissance moyenne (quelque watts à quelques dizaines de watts).
Pour des applications consommant des puissances plus élevées, on préfèrera utiliser les alimentations à découpage.

Afin de dissiper une fausse idée, notons que le courant délivré par le réseau électrique 230 V, 50 Hz n'est pas forcément sinusoïdal. Ce ne serait vrai que pour une charge résistive. Sa forme dépend tout simplement de la charge alimentée.

## I. Fonctionnel

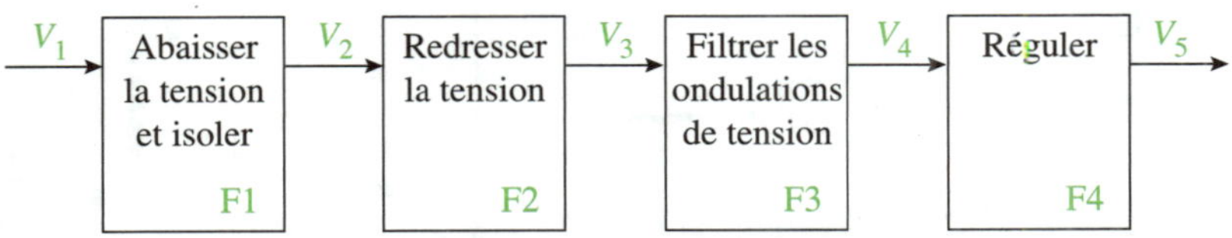


**$V_1$ :** tension issue du réseau électrique 230 V, 50 Hz.

**F1 :** cette fonction abaisse la valeur efficace (donc l'amplitude) de la tension et isole galvaniquement le reste du circuit des valeurs dangereuses des tensions du secteur EDF.

**$V_2$ :** tension sinusoïdale de valeur efficace abaissée. Valeur moyenne nulle.

**F2 :** cette fonction permet de disposer d'une tension $V_3$ uniquement positive. Les alternances négatives de $V_2$ sont supprimées ou inversées et rendues positives.

**$V_3$ :** même forme que $V_2$ sauf que les alternances négatives ont été inversées. La valeur moyenne de cette tension n'est plus nulle. Son ondulation est importante.

**F3 :** permet de réduire l'ondulation de $V_3$.

**$V_4$ :** tension dont l'ondulation est faible. Cette tension souffre néanmoins d'une imperfection. Si l'amplitude de la tension secteur varie, cette variation se répercute sur tout le montage et se retrouve en $V_4$. Il serait donc fort peu judicieux de connecter le montage à alimenter en ce point.
**F4 :** c'est cette fonction qui régule l'amplitude de tension de sortie continue. Même si la tension $V_4$ varie, la tension $V_5$ restera constante.

**$V_5$ :** tension de sortie continue et régulée. C'est en ce point que l'on connectera le circuit électrique à alimenter (charge à alimenter).

## II. Structurel

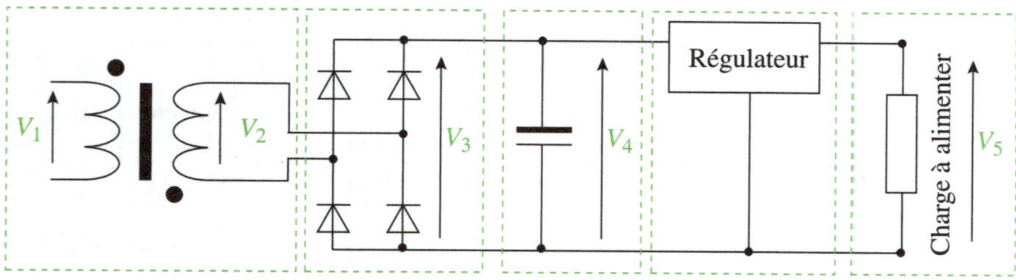


*La fonction abaisser la tension* est réalisée par un transformateur.

*La fonction redressement* s'effectue à l'aide de diodes.

*La fonction filtrage* des ondulations (lissage) est réalisée par un condensateur.

Enfin, *la fonction régulation* est idéalement réalisée par un seul composant, le régulateur de tension.

Notons que les puissances dissipées dans un tel montage peuvent être élevées (quelques watts). Cette puissance risque de détruire les composants à semi-conducteur (diodes et régulateur). Il faudra donc éventuellement les monter sur des dissipateurs thermiques.

Le courant de sortie est débité par le régulateur. Sa forme dépend de la charge à alimenter. Sa valeur maximale dépend du régulateur. Elle peut être limitée à une valeur précise par un montage supplémentaire.

Rappelons que les composants transformateurs, diodes, condensateurs ne sont pas utilisés en électronique uniquement dans des alimentations.

# LE TRANSFORMATEUR

Un transformateur est constitué de deux bobines (primaire et secondaire), bobinées sur le même matériau magnétique. Il n'y a pas de liaison électrique entre les deux, mais une liaison magnétique.
Il est utilisé soit pour son aptitude à transformer les amplitudes des signaux sinusoïdaux, soit en transformateur d'impulsion (isolation galvanique).

## I. Présentation / notations

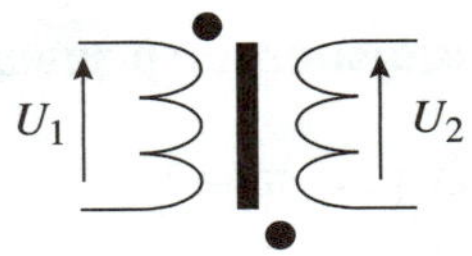


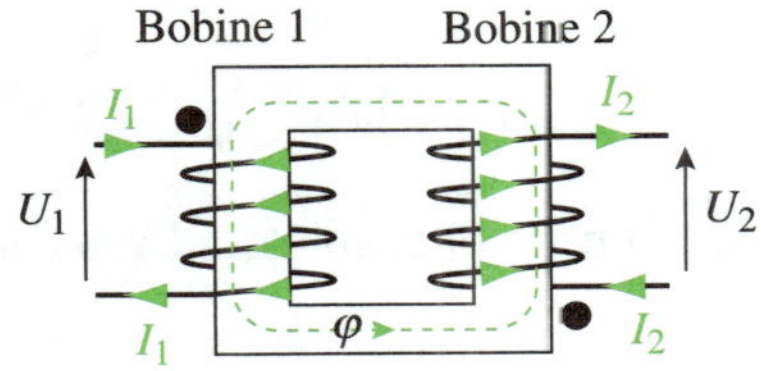


$u_1(t) = \sqrt{2} U_{1_{eff}} \sin(\omega t)$ $\quad$ $i_1(t) = \sqrt{2} I_{1_{eff}} \sin(\omega t + \phi_1)$

$u_2(t) = \sqrt{2} U_{2_{eff}} \sin(\omega t + \phi_2)$ $\quad$ $i_2(t) = \sqrt{2} I_{2_{eff}} \sin(\omega t + \varphi_3)$

Puissances apparentes : $P_1 = U_{1_{eff}} . I_{1_{eff}}$ $\quad$ $P_2 = U_{2_{eff}} . I_{2_{eff}}$

Les points indiquent que les courants entrant par ces points créent un flux dans le même sens.

## II. Transformateur parfait

### Relations

- Relations tension – flux (en considérant le bobinage du schéma ci-dessus)

$$u_1(t) = N_1 \frac{d\varphi(t)}{dt} \qquad u_2(t) = -N_2 \frac{d\varphi(t)}{dt}$$

$N_1$ et $N_2$ sont les nombres de spires du primaire et du secondaire.

- Relation valeurs efficaces des tensions – nombre de spires :

$$\frac{U_{2_{eff}}}{U_{1_{eff}}} = \frac{N_2}{N_1} = m$$

$m$ est le rapport de transformation

- Puissances apparentes : $P_1 = P_2$ (transformateur parfait) : $\eta = P_2/P_1 = 1$.

- Relations courants – tensions – rapport de transformation :

$$\frac{U_{2\,eff}}{U_{1\,eff}} = \frac{I_{1\,eff}}{I_{2\,eff}} = \frac{U_{2\,M}}{U_{1\,M}} = \frac{I_{1\,M}}{I_{2\,M}} = \frac{N_2}{N_1} = m\,.$$

## III. Transformateur réel

Pour l'étude du transformateur réel, nous tenons compte des pertes dues aux éléments parasites des bobines (résistances d'enroulement et flux de fuite) et aux imperfections du matériau magnétique (hystérésis et courants de Foucault).

### 1. Chute de tension au secondaire

La tension au secondaire en charge est différente de la tension secondaire à vide. En effet, le fait de charger un transformateur fait circuler des courants dans les bobines créant une chute de tension.

$$U_{2_{eff}} = U_{20_{eff}} - \Delta U_{2_{eff}}$$

$\Delta U_{2_{eff}}$ est la chute de tension. $U_{20_{eff}}$ est la tension secondaire à vide ($U_{20_{eff}} = m.U_{1_{eff}}$).
$U_{2_{eff}}$ est la tension secondaire aux bornes de la charge.
Typiquement $\Delta U_{2_{eff}}$ = 10 à 30 % de $U_{20_{eff}}$.

### 2. Pertes de puissance / rendement

**Pertes Joules :** en sont la cause les résistances des enroulements $R_1$ et $R_2$ des bobines du primaire et du secondaire : $P_j = R_1.I^2_{1_{eff}} + R_2.I^2_{2_{eff}}$.

**Pertes fer, $P_f$ :** elles sont la conséquence des pertes dans le circuit magnétique.

**Rendement d'un transformateur réel :** $\eta = P_2/(P_2 + P_j + P_f) < 1$.

## IV. Caractéristiques techniques

On distingue plusieurs techniques de réalisation des transformateurs. Les plus répandus (pour leur facilité de réalisation et le bon rapport qualité/prix) sont les transformateurs à tôles magnétiques.

Si on recherche la fiabilité, on optera plutôt pour les transformateurs moulés (entièrement moulés dans du polyuréthanne). Ils sont néanmoins plus chers.

Les transformateurs toriques, quant à eux possèdent un noyau en forme de tore sur lequel sont bobinés le primaire et le secondaire. Ils ont de nombreux avantages (faibles poids et volume, $\eta$ important, rayonnement faible), mais sont plus coûteux.

## I. Présentation fonctionnelle

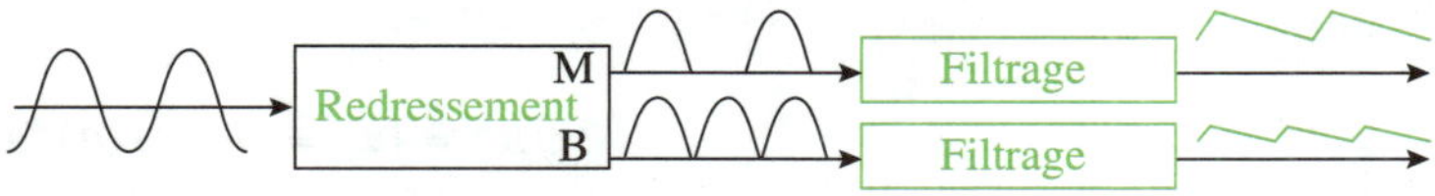


M : mono-alternance   B : bi-alternance

## II. Redressement mono-alternance

$v(t) = V.\sin \omega t$.   $\omega = 2\pi f = 2\pi/T$.   $V = \sqrt{2}\,.V_{eff}$.

**Sans filtrage**

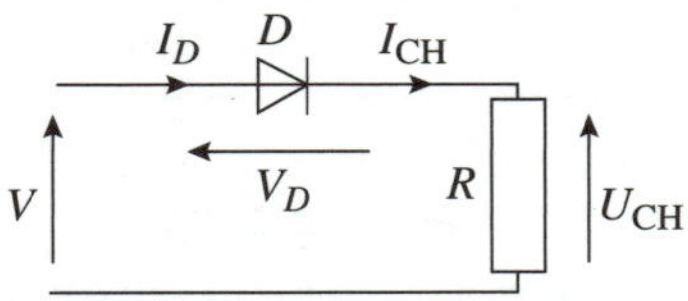


**Avec filtrage**

| $t$ | 0 à $T/2$ | $T/2$ à $T$ |
|---|---|---|
| $D$ ? | Passante | Bloquée |
| $i_{CH}(t)$ | $(v(t) - V_{seuil})/$ R | 0 |
| $u_{CH}(t)$ | $v(t) - V_{seuil}$ | 0 |
| $V_d$ | $V_{seuil}$ | $v(t)$ |

| $t$ | $t_0$ à $t_1$ | $t_1$ à $T + t_0$ |
|---|---|---|
| $D$ ? | Passante | Bloquée |
| $u_{CH}(t)$ | Charge : $v(t) - V_{seuil}$ | Décharge : $(RC)$ |
| $V_d$ | $V_{seuil}$ | $v(t) - u_{CH}(t)$ |

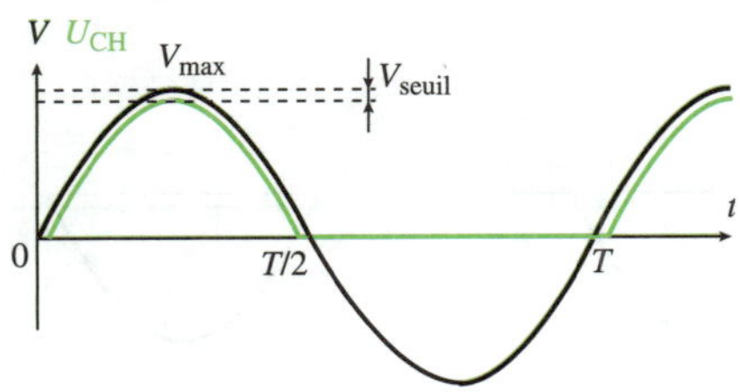


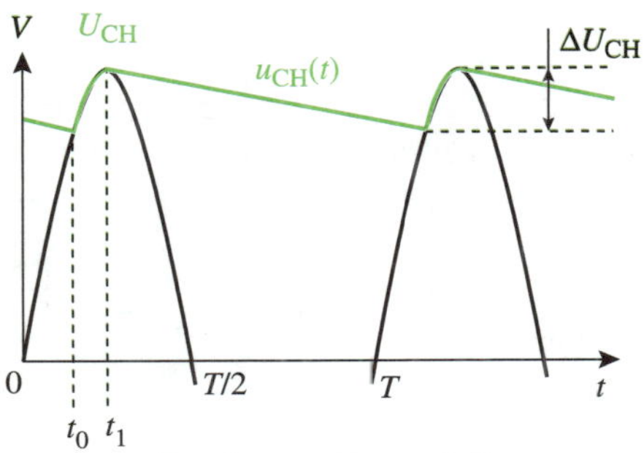


Tracé pour $V_{seuil} = 0$ V

**Sans filtrage**

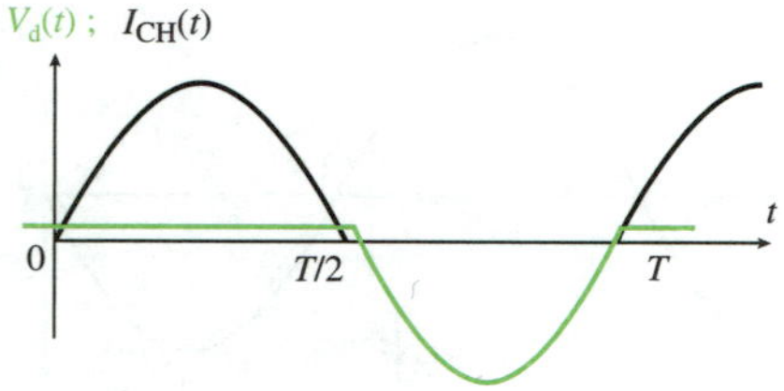


**Avec filtrage**

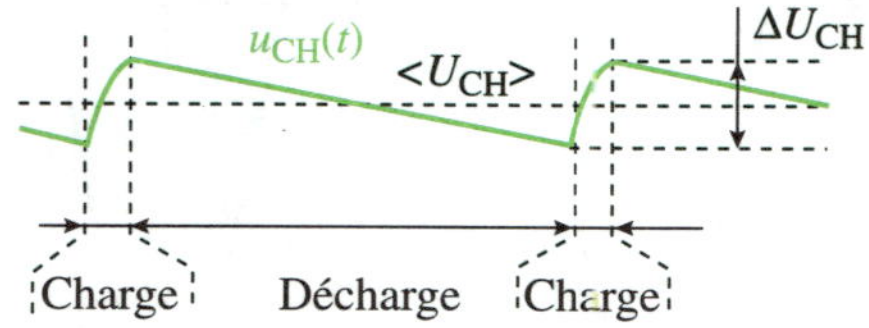


$V_d$ inverse max = $V_{max}$

Pour les résultats suivants, on néglige la chute de tension de la diode :

$$< U_{CH} > = \frac{V_{max}}{\pi}$$

$$U_{CH_{eff}} = \frac{V_{max}}{2}$$

$$\Delta U_{CH} = \frac{V_{max}}{fRC}$$

$$< U_{CH} > = V_{max}\left(1 - \frac{1}{2\,fRC}\right)$$

## III. Redressement bi-alternance

**Sans filtrage**

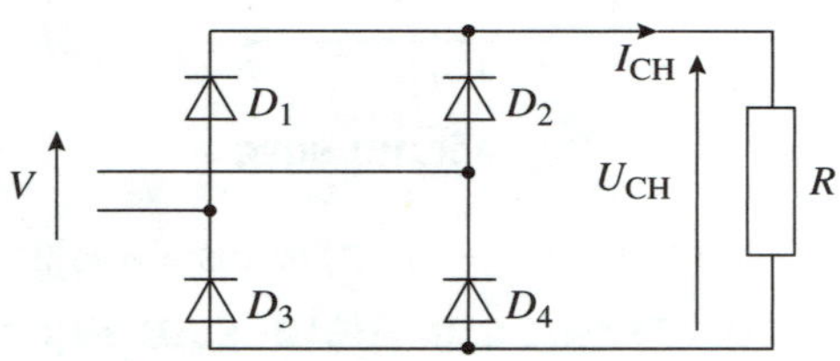


**Avec filtrage**

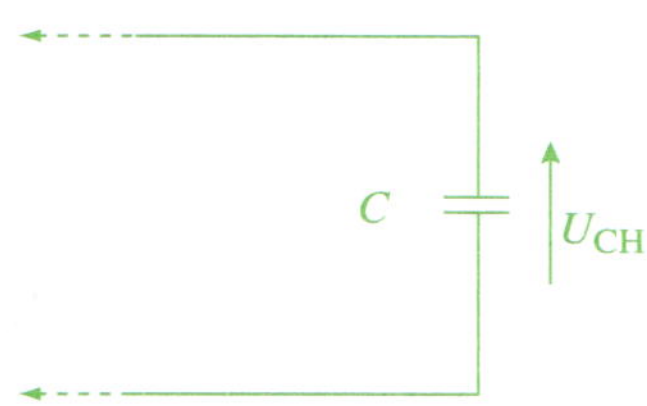


$v(t) = V.\sin \omega\, t.$ $\omega = 2\pi f = 2\pi/T.$ $V = \sqrt{2}\ .V_{eff}.$

Les chronogrammes présentés ci-dessous correspondent au montage sans condensateur de filtrage.

*Soit la règle suivante :*

Quand 2 diodes ont leurs anodes reliées au même potentiel (exemple $D_3$ et $D_4$), la seule à pouvoir conduire est celle dont la cathode est portée au potentiel le moins élevé.

Quand 2 diodes ont leurs cathodes reliées au même potentiel (exemple $D_1$ et $D_2$), la seule à pouvoir conduire est celle dont l'anode est portée au potentiel le plus élevé.

Ce qui entraîne :

| $t$ | 0 à $T/2$ | $T/2$ à $T$ |
|---|---|---|
| État de $D_1$ et $D_4$ | Bloquées | Passantes |
| État de $D_2$ et $D_3$ | Passantes | Bloquées |
| $u_{CH}(t)$ | $v(t) - 2\ V_{seuil}$ | $-v(t) - 2\ V_{seuil}$ |

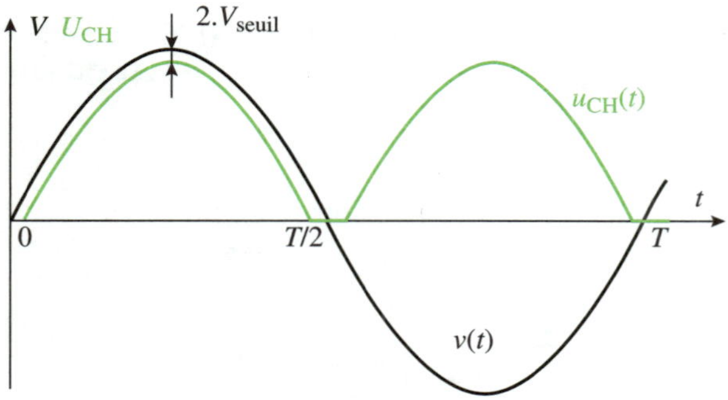


$$< U_{CH} > = 2 \times \frac{V_{max}}{\pi}$$

$$U_{CH\,eff} = \frac{V_{max}}{\sqrt{2}}$$

En ajoutant le condensateur de filtrage, sa charge est deux fois plus fréquente qu'en redressement monoalternance. Par conséquent, $\Delta U_{CH}$ , l'ondulation de $U_{CH}$ sera donc deux fois moins élevée.`

**D'où :**

$$\Delta U_{CH} = \frac{V_{max}}{2\,fRC}$$

$$< U_{CH} >= V_{max} - \frac{\Delta U_{CH}}{2} = V_{max}\left(1 - \frac{1}{4\,fRC}\right)$$

# IV. Redressement sans seuil

Nous avons vu que dans le cas du redressement bi-alternance, la tension $u_{CH}(t)$ est identique à la valeur absolue de $v(t)$ à $2 \times V_{seuil}$ près. Ceci n'est pas important si $V_{max} >> V_{seuil}$.
Néanmoins, pour certaines applications, il est souhaitable d'avoir $u_{CH}(t)$ strictement identique à $|v(t)|$.

## 1. Principe

On utilise un ALI afin d'avoir une tension de seuil de diode ramenée à $V_{seuil} / A$, où $A$ est l'amplification en boucle ouverte de l'ALI.

## 2. Exemple de montage

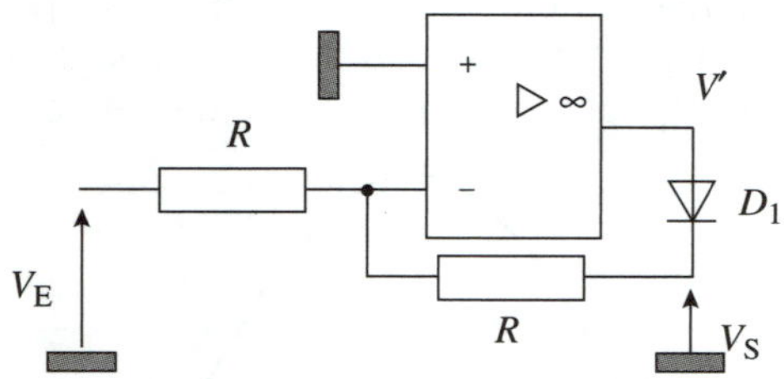


## 3. Résultats

Quand $v_e(t) > 0$, $D_1$ est bloquée et donc $v_s(t) = v_e(t)$.

Quand $v_e(t) < 0$, $D_1$ est passante et donc :

$$v'_s(t) = -v_e(t) + V_{seuil}, \text{ d'où } v_s(t) = -v_e(t).$$

On obtient donc la fonction valeur absolue $v_s(t) = |v_e(t)|$, la tension de seuil de la diode n'intervient pas.
Toutefois, le redressement sans seuil ne peut être utilisé pour les alimentations.

# LA RÉGULATION

## I. Fonctionnel

La tension $V_s$ sert d'alimentation aux composants d'un circuit électrique. La régulation se fera différemment selon la puissance consommée par ce circuit.

## II. Régulation par diodes Zener et transistors

L'exemple le plus simple est proposé dans la fiche diode Zener. Ce montage classique permet de disposer d'une tension fixe (= $V_Z$). Malheureusement, la caractéristique d'une diode Zener présente une résistance dynamique non nulle (en polarisation en zone Zener).

Cette résistance dynamique limite l'utilisation de ce montage aux applications ne consommant qu'une très faible puissance. Typiquement, lorsque l'on a besoin d'une référence de tension fixe.

Les montages à transistors quant à eux sont bien souvent trop complexes pour être utilisés. On leur préfèrera souvent les régulateurs intégrés.

## III. Régulateurs intégrés

### 1. Présentation

Ce sont des composants se présentant sous forme de boîtier classique réalisant à eux seuls la fonction régulation.

La tension de sortie est régulée ; sa valeur ne dépend pas (ou peu) du courant de sortie, ni de l'ondulation de la tension d'entrée, ni de la température.

Ces éléments sont idéalement utilisés dans les montages électroniques de faible puissance.

## 2. Symbole / montage classique

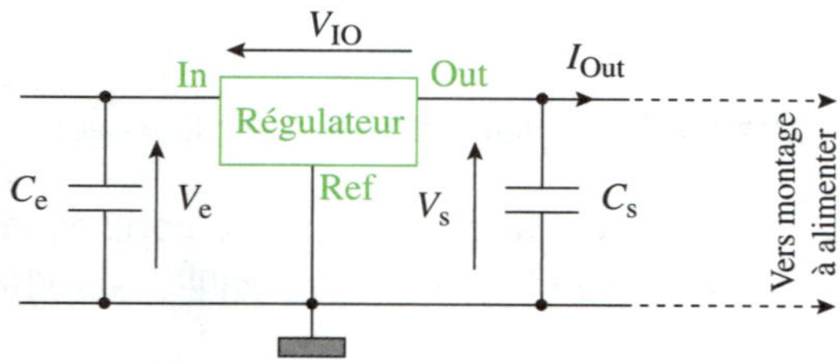


Le régulateur garantit une tension de sortie continue régulée.

Il possède trois broches (entrée, référence et sortie).

Le courant $I_{OUT}$ de sortie est limité par le constructeur.

La tension d'entrée est une tension continue (> $V_s$) non régulée souvent issue d'un redressement avec filtrage.

$C_e$ et $C_s$ sont des condensateurs conseillés pour une meilleur stabilité.

On note la puissance dissipée dans le régulateur : $P = V_{IO} \times I_{OUT}$.

## 3. Caractéristiques techniques

- La valeur de la tension de sortie, output voltage.
- La valeur minimum de la tension d'entrée nécessaire au bon fonctionnement (ou la valeur minimum de $V_{IO} = V_e - V_s$, appelée Dropout Voltage). La valeur maximale est aussi spécifiée.
- La puissance maximum dissipable.
- La valeur des résistances thermiques $R_{th}$j_a et $R_{th}$j_c afin de pouvoir dimensionner le radiateur adéquat ; Le type de boîtier (T0-3, T0-220...) permettant de déterminer la valeur de la résistance thermique boîtier → ambiant.
- Le cas échéant, le montage des éléments externes nécessaires au bon fonctionnement ou les montages pouvant être installés à des fins d'améliorations.
- On peut aussi utiliser les régulateurs de tension en régulateurs de courant.

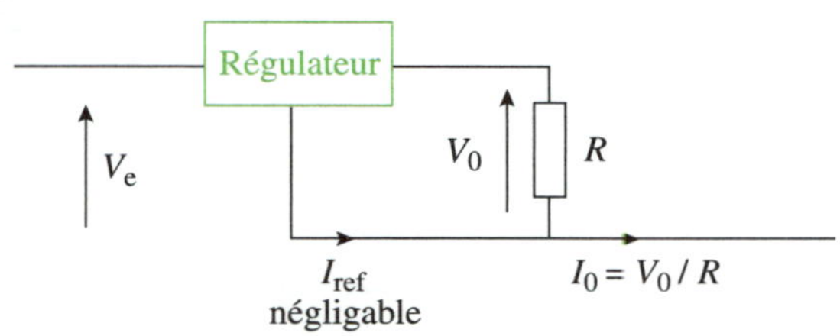

# FICHE 29 HACHEURS ET ALIMENTATION À DÉCOUPAGE

Ces montages, dont le composant principal est un transistor dit de découpage (fonctionnant en commutation), sont des alimentations idéales de moyenne puissance. Ils sont très utilisés pour leur rendement intéressant.

## I. Hacheur série (abaisseur ou encore Step Down)

$T$ est idéalement réalisé par un transistor fonctionnant en commutation.

$V_e$ est une tension continue.

$V_e$ = E.

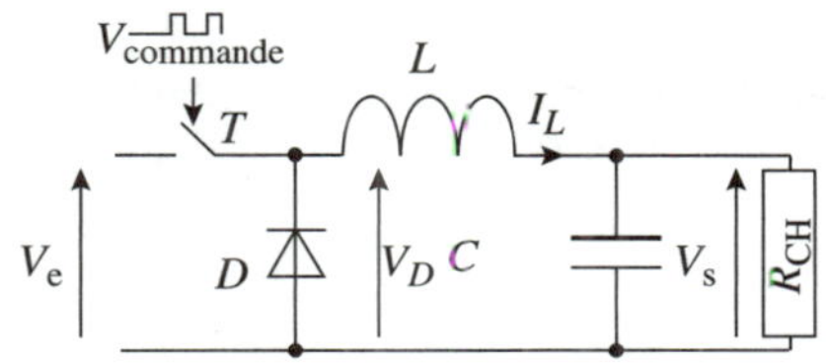


$V_s$ est considérée constante.

$<V_s> = \alpha.E$.

$\Delta I_L = E(1 - \alpha)\alpha T/L$.

$L$ sert à lisser le courant. Plus $L$ sera importante, plus $\Delta I_L$ sera faible.

$C$ sert à lisser la tension de sortie. Plus $C$ sera important, plus $\Delta V_s$ sera faible.

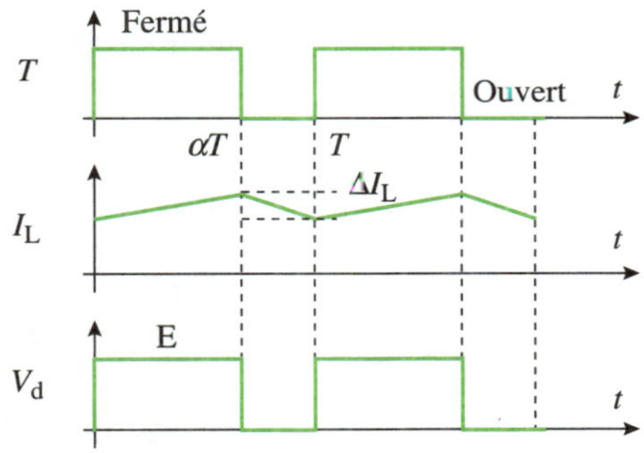


## II. Hacheur parallèle (élévateur ou encore Step Up)

$T$ est idéalement réalisé par un transistor fonctionnant en commutation.

$V_e$ est une tension continue.

$V_e$ = E.

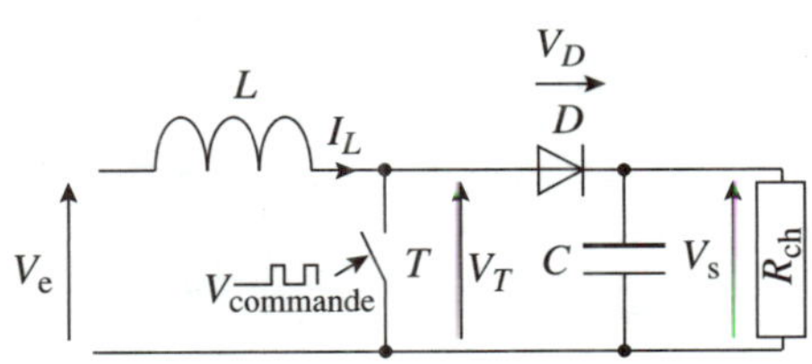

$V_s$ est considérée constante.

$<V_s> = E/(1 - \alpha)$.

$\Delta I_L = E\alpha T/L$.

Ce montage permet de créer une tension de sortie supérieure à la tension d'entrée.

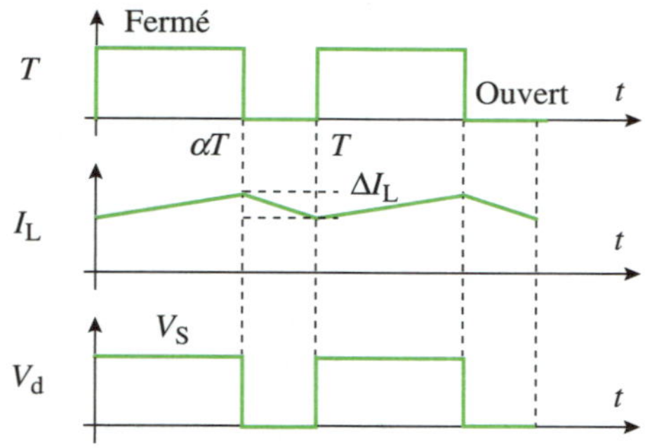


## III. Alimentation à découpage type Fly Back

La tension d'entrée est toujours une tension continue. $V_e$ = E.

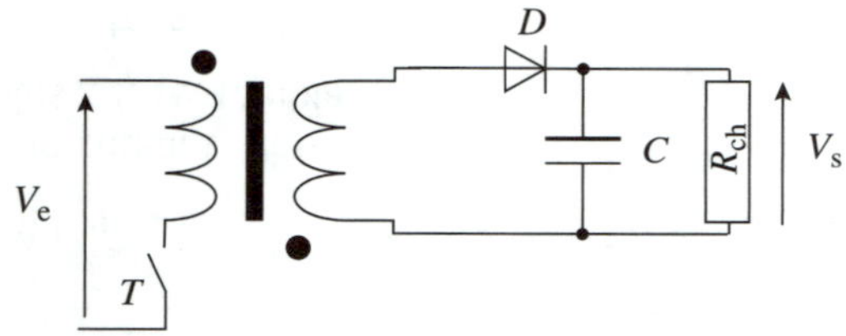


$T$ est idéalement réalisé par un transistor fonctionnant en commutation : fermé de 0 à $\alpha T$ ; ouvert de $\alpha T$ à $T$.

La tension de sortie est considérée constante.

$$< V_s > = m \frac{\alpha}{1-\alpha} E \qquad m = N_2/N_1$$

Le condensateur $C$ permet de lisser la tension (sinon sa forme serait rectangulaire).

On utilise les propriétés du transformateur afin d'emmagasiner de l'énergie dans le primaire de 0 à $\alpha T$ et de la restituer à la charge de $\alpha T$ à $T$. En faisant varier $\alpha$, on peut faire varier $V_s$ et ainsi on peut réguler la tension de sortie :

- mesure de $V_s$ ;
- comparaison à une consigne $V_c$ ;
- si $V_s > V_c$, $\alpha$ doit être diminué ;
- si $V_s < V_c$, $\alpha$ doit être augmenté.

L'avantage est de bénéficier d'une isolation galvanique.

Certains composants électroniques à semi-conducteurs sont amenés à dissiper une puissance élevée (transistors de puissance, diodes de redressement, régulateurs, etc.). Cette puissance se traduit par une élévation de la température de la jonction des semi-conducteurs.
Les constructeurs précisent la température maximale supportable par la jonction. Afin de dissiper plus facilement cette chaleur, on monte les composants de puissance sur des dissipateurs thermiques.

# I. Loi d'Ohm thermique

On admet que la puissance calorifique passant d'une région chaude à une région froide est proportionnelle à la différence de température entre ces deux régions :

$$T_c - T_f = R_{Th} \times P_c$$

$P_c$ : puissance calorifique échangée (watt).
$T_c$ : température de la région chaude (°C ou K).
$T_f$ : température de la région froide (°C ou K).
$R_{Th}$ : résistance thermique (°C/watt ou K/watt).

Cette relation est à rapprocher de la loi d'Ohm électrique :

$$U_1 - U_2 = R_{1-2} \times I$$

# II. Mise en situation

## 1. Les résistances thermiques

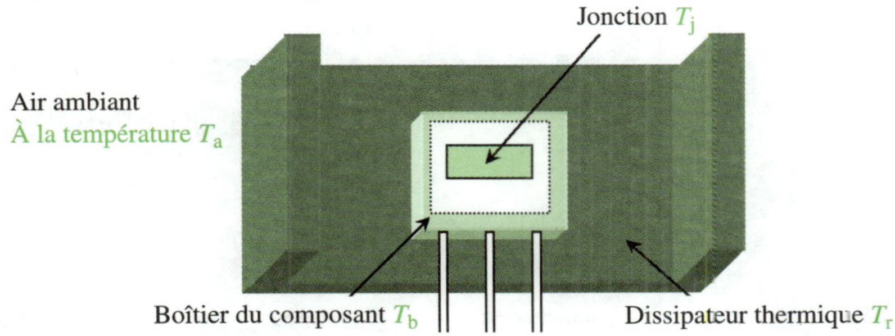


Énoncé des résistances thermiques :

- la résistance thermique de passage de la jonction au boîtier : $R_{Th\,jb}$ ;
- la résistance thermique de passage du boîtier au dissipateur thermique : $R_{Th\,bd}$ ;
- la résistance thermique de passage du dissipateur à l'air ambiant : $R_{Th\,da}$.

## 2. Modèle équivalent

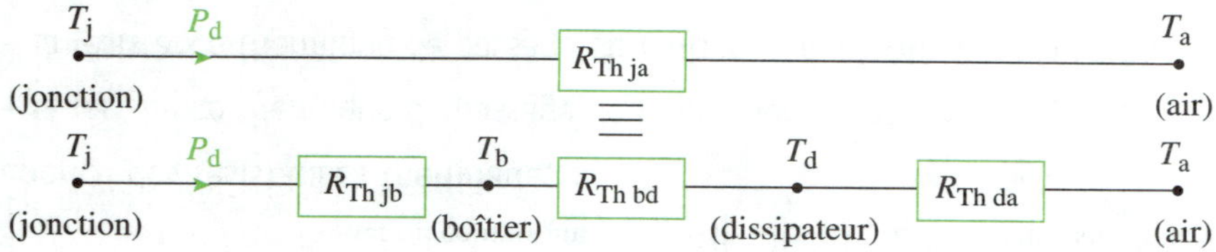


$T_j - T_b = R_{Th\,jb} \times P_d \qquad T_b - T_d = R_{Th\,bd} \times P_d$

$T_d - T_a = R_{Th\,da} \times P_d \qquad T_j - T_a = R_{Th\,ja} \times P_d$

$R_{Th\,ja} = R_{Th\,jb} + R_{Th\,bd} + R_{Th\,da}$

$$P_d = \frac{T_j - T_a}{R_{Th\,jb} + R_{Th\,bd} + R_{Th\,da}} = \frac{T_j - T_a}{R_{Th\,ja}}$$

# III. Données technologiques

- Résistances thermiques $R_{Th\,bd}$ en fonction des montages :

| Boîtier | T03 | T0126 | T0220 |
|---|---|---|---|
| $R_{Th\,bd}$ (°C/W) montage à sec | 0,25 | 1,5 | 0,6 |
| $R_{Th\,jb}$ (°C/W) montage avec graisse | 0,15 | 0,5 | 0,2 |

- L'interposition d'un isolant (mica) entre le boîtier et le dissipateur augmente la valeur de $R_{Th\,bd}$. L'augmentation de résistance est fournie par le fabricant de l'isolant.
- Les fabricants de composants électroniques précisent les valeurs de $R_{Th\,ja}$ (dans le cas du montage sans dissipateur) et $R_{Th\,jb}$ (dans le cas d'un montage avec dissipateur).
- Les constructeurs de dissipateurs thermiques précisent les valeurs de $R_{Th\,da}$ ainsi que les références des boîtiers pouvant être montés sur ceux-ci.

# IV. Choix d'un dissipateur, calcul de sa résistance thermique $R_{Th\,da}$

- 1re étape : relever pour le composant : $T_{j_{max}}$, $R_{Th\,ja}$ et $R_{Th\,jb}$.

Donner une valeur à $R_{Th\,bd}$ selon le montage envisagé (sec ou avec graisse, isolé ou non).

- 2e étape : calculer la valeur de $T_j$ sans dissipateur : $T_j = T_a + P_d \times R_{Th\,ja}$.

Un dissipateur thermique est indispensable si $T_j > T_{j_{max}}$, on peut s'en passer sinon.

- 3e étape : si $T_j > T_{j_{max}}$, il faut calculer la valeur de $R_{Th\,da}$ du dissipateur :

Soit : $(T_j - T_a) = P_d \times (R_{Th\,jb} + R_{Th\,bd} + R_{Th\,da}) < T_{j_{max}} - T_a$.

On en déduit : $R_{Th\,da} < \dfrac{T_{j_{max}} - T_a}{P_d} - R_{Th\,jb} - R_{Th\,bd}$ pour le choix du dissipateur.

# LE MOTEUR À COURANT CONTINU

## I. Constitution

Les pôles Nord et Sud des aimants permanents du stator créent un flux dans le moteur.
Les spires du rotor sont alimentées et plongées dans ce flux. Elles sont alors soumises à une force de Laplace. Le moteur se met alors en rotation. Un système balais-collecteur permet d'amener le courant aux bobines du rotor qui tourne.

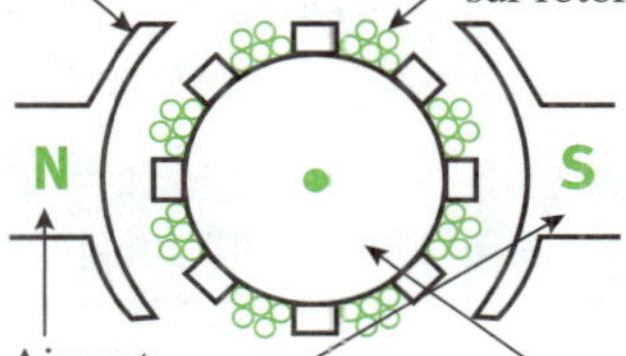

*Fig. 1*

## II. Relations

### 1. Relations électriques

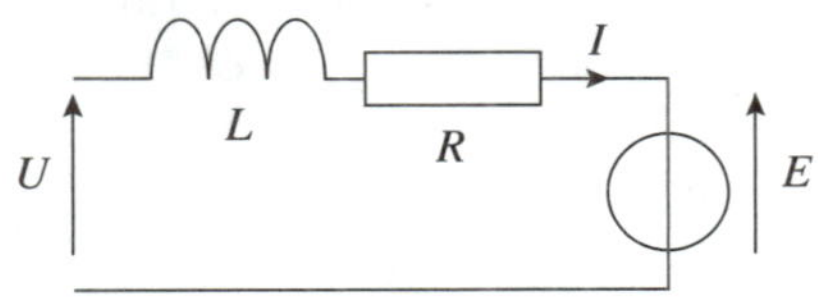


$L$ : inductance des bobines du rotor.
$R$ : résistance des bobines du rotor.
$E$ : f.e.m. créée au rotor.

Donc : $u(t) = E + R.i(t) + L\frac{\mathrm{d}i(t)}{\mathrm{d}t}$. En régime permanent : $u(t) = E + R.i(t)$.

Puissance électromagnétique : $P_{em} = E.I$ en watt.

### 2. Relations mécaniques

Vitesse de rotation : $\Omega\ (\text{rd/s}) = \frac{2\pi}{60} n\ (\text{tr/min})$.

Relation Puissance-Couple : $P_{em} = T_{em} \times \Omega$ ($P$ en watt et $\Omega$ en rd/s).

Relation moment d'inertie (J) – couple (T) : $J.\frac{\mathrm{d}\Omega(t)}{\mathrm{d}t} = T(t)$ ; $T(t) = T_M(t) - T_R(t)$.

*$T_M(t)$ est le couple moteur et $T_R(t)$ est le couple résistant (charge + frottements)*
En régime permanent : $T_M = T_R$.

### 3. Le lien entre les deux

Relation f.e.m. ($E$) – flux ($\varphi$) : $E = K \times \varphi \times \Omega$ K est une constante.
Relation courant ($I$) – couple ($T$) : $T_{em} = K \times \varphi \times I$ K est une constante.

Si le flux est constant, $K \times \varphi = K_\varphi$ : $E = K_\varphi \times \Omega$ et $T_{em} = K_\varphi \times I$.

# III. L'excitation

## 1. À aimants permanents (voir figure 1)

Le flux est créé par des aimants permanents et est donc constant : $K \times \varphi = K_\varphi$.

## 2. À excitation indépendante

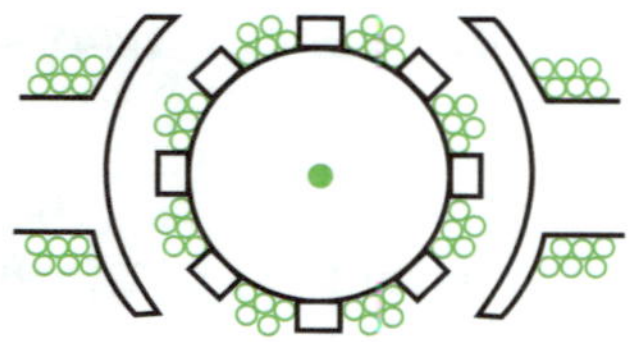

Le flux est créé par des bobines situées sur le stator.

- Si $I_E$ constant alors le flux aussi :
  $K \times \varphi = K_\varphi$.
- Si $I_E$ varie, le flux aussi :
  $K \times \varphi$ n'est plus constant.

## 3. À excitation série

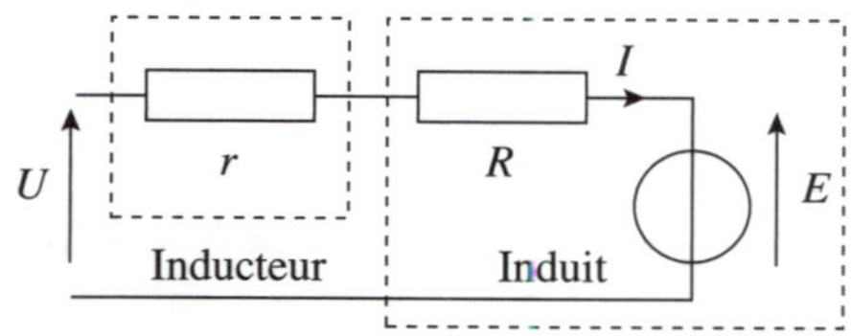


Les bobines d'induit et d'inducteur sont branchées en série et donc alimentées par le même courant. Le courant $I_E = I$ n'est donc plus constant et donc le flux non plus :

$K \times \varphi$ n'est plus constant.

# IV. Caractéristiques techniques

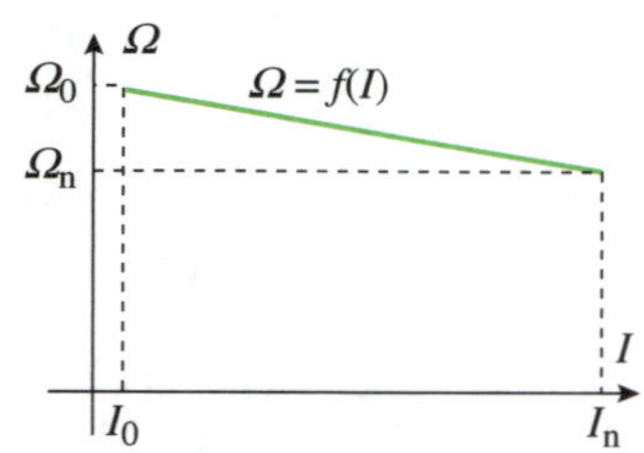


En fonctionnement nominal :

- La tension nominale d'alimentation.
- Le couple nominal.
- La vitesse nominale ($\Omega_n$).
- Le courant nominal ($I_n$).

En fonctionnement à vide :

- Le courant à vide.
- La vitesse à vide ($\Omega_0$).

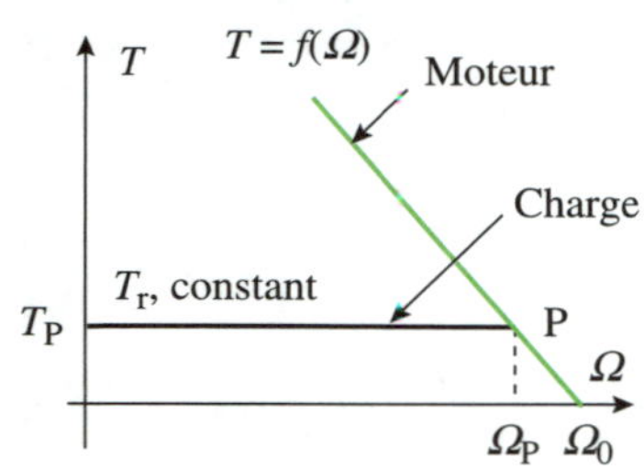


Au démarrage :

- Le couple minimal de démarrage.
- Le courant maximal supportable.

Autres :

- La résistance d'induit.
- Le moment d'inertie du rotor.
- La valeur de l'inductance d'induit.
- La constante de couple ($K_\varphi$).

# ALIMENTATION DES MOTEURS À COURANT CONTINU

## I. Moteur ou génératrice

Selon les signes de $U$ et $I$, un MCC se comporte soit comme un moteur (l'énergie électrique est transformée en rotation), soit comme un générateur (l'énergie mécanique est transformée en énergie électrique).
Dans le fonctionnement moteur, le sens de rotation peut être changé en inversant le sens de $I$ et $U$ :

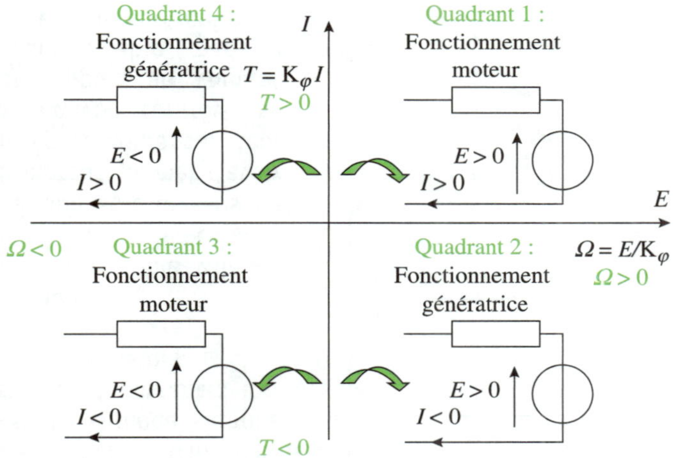


## II. Alimentation pour un seul sens de rotation

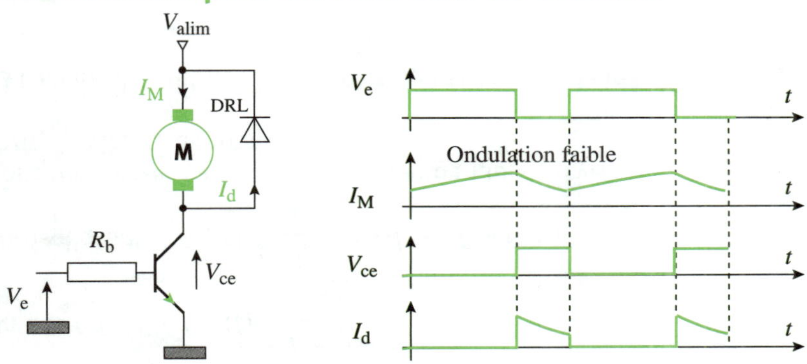

On a $u_M(t) = E + R\,i_M(t) + \dfrac{L\,di_M(t)}{dt}$.

En négligeant $R\,i(t)$ et $\dfrac{L\,di_M(t)}{dt}$ : $<U_M> = E = K \times \varphi \times \Omega$.

Donc, en faisant varier $<U>$ (variation du rapport cyclique de $V_e$), on peut faire varier la vitesse de rotation.

La commande peut aussi se faire en courant afin de faire varier le couple moteur.

## III. Alimentation pour deux sens de rotation : commande par pont

Cette commande permet d'inverser le sens de rotation du moteur.

Les diodes sont des diodes de roue libre et deviennent passantes lors du blocage des transistors.

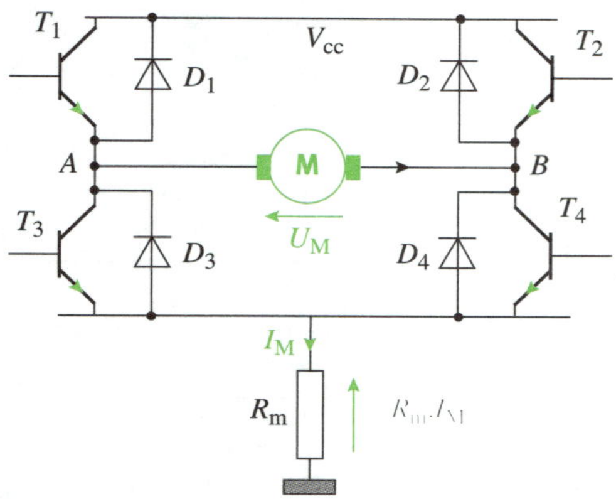


**Mesure du courant**

Le résistor $R_m$ (de faible valeur), dans lequel transite le courant moteur quel que soit le sens de rotation du moteur, permet d'avoir accès à l'image du courant moteur et ainsi de pouvoir contrôler sa valeur (par rapport au courant maximum supportable par le moteur ou une autre continuité).

**Fonctionnement sur une période $T$**

$\alpha$ est le rapport cyclique de commande des transistors ($0{,}5 < \alpha < 1$).

- Sens 1 :

Pour $0 < t < \alpha T$ : $T_1$ et $T_4$ passants : $U_M = V_{cc}$.

Pour $\alpha T < t < T$ : $T_1$, $T_2$, $T_3$ et $T_4$ bloqués, $D_2$ et $D_3$ passantes : $U_M = -V_{cc}$.

$<U_M> = (2\alpha - 1).V_{cc} > 0$

$I_M$ va de $A$ vers $B$

- Sens 2 :

Pour $0 < t < \alpha T$ : $T_2$ et $T_3$ passants : $U_M = -V_{cc}$.

Pour $\alpha T < t < T$ : $T_1$, $T_2$, $T_3$ et $T_4$ bloqués, $D_1$ et $D_4$ passantes : $U_M = V_{cc}$.

$<U_M> = (-2\alpha + 1).V_{cc} < 0$

$I_M$ va de $B$ vers $A$

# LE MOTEUR PAS À PAS

Le *moteur pas à pas* est un dispositif qui transforme une *succession* de sollicitations électriques en mouvements mécaniques élémentaires appelés *pas*. Pour le faire tourner il faut appliquer à ses bobinages au moins deux tensions commandées suivant un cycle bien déterminé. C'est l'ordre de commande des bobinages qui détermine le sens de rotation du moteur.

## I. Domaines d'application

C'est un moteur de *positionnement* de grande précision, on l'utilise pour :

- Positionner la tête de lecture des lecteurs de disquette, disques durs, cédérom…
- Entraîner le papier dans de nombreux FAX, imprimantes et enregistreurs.
- Les commandes d'axes en robotique.
- Le positionnement de la plume de la plupart des tables traçantes, etc.

*Ses qualités*

- Grande *précision de la mise en position*.
- Fiabilité car il ne comporte pas de collecteur.
- On peut le faire tourner à des vitesses très variables et très lentes.

*Ses défauts*

- Nécessité d'un circuit électronique pour la commande des bobinages.
- Il est lent par rapport à un moteur à courant continu.
- Sa consommation électrique est importante et son rendement mauvais. Il est possible de réduire cette consommation à condition de compliquer le circuit électronique de commande.

## II. Principe du moteur pas à pas à aimant permanent

Le moteur pas à pas est constitué d'un rotor, c'est la partie mobile en rotation qui entraîne l'axe du moteur et d'un stator qui est sa partie fixe. Le rotor est un aimant qui comporte un nombre pair de pôles. Le stator porte un jeu de bobines.

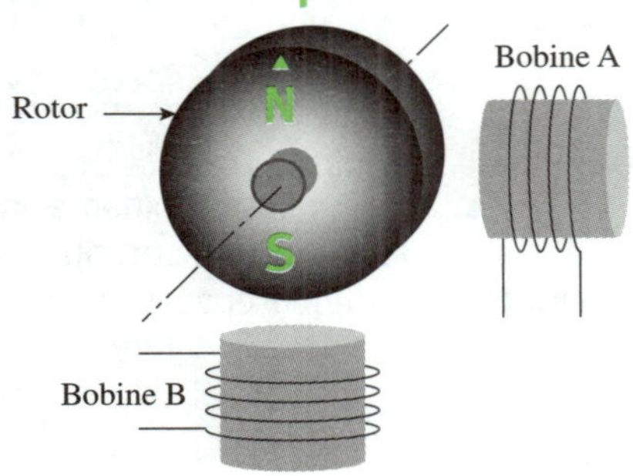

# III. Types de séquencements

## 1. Cycle de commande phase par phase

Les bobines sont alimentées *successivement* avec la polarité appropriée. Un pôle magnétique du rotor est toujours placé devant un bobinage.
Tableau de commande pour un moteur à deux phases :

| Commande | 1 | 2 | 3 | 4 | 1 |
|---|---|---|---|---|---|
| $V_A$ | + | 0 | – | 0 | + |
| $V_B$ | 0 | + | 0 | – | 0 |

On appelle « pas », le passage élémentaire d'une position à la suivante.
Il est possible de passer d'une colonne à une colonne adjacente ainsi que de la colonne 4 à la colonne 1.
Le passage d'une commande paire à l'autre commande paire ou d'une commande impaire à l'autre commande impaire produit une indétermination. Le moteur tourne dans un sens ou l'autre. Cette situation doit être évitée.

**Chronogramme exemple**

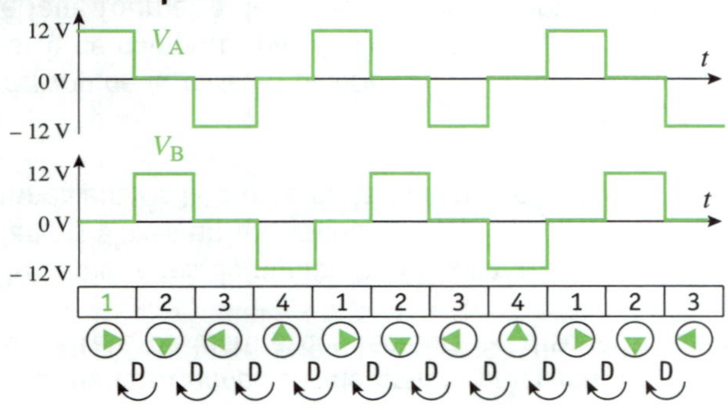


## 2. Cycle de commande simultanée des phases

Il est possible d'alimenter les deux bobines en même temps. La position du rotor est alors intermédiaire entre chacune des positions de l'alimentation des bobines phase par phase.

| Commande | 1a | 2a | 3a | 4a | 1a |
|---|---|---|---|---|---|
| $V_A$ | + | – | – | + | + |
| $V_B$ | + | + | – | – | + |

## 3. Avantages et inconvénients comparés des deux commandes

• Le *couple* disponible sur l'arbre moteur est *plus important* avec une commande de phases simultanée, c'est un avantage.

• Le *courant consommé est double* dans le cas de la commande de phases simultanée (deux bobinages alimentés). C'est un inconvénient puisque le moteur s'échauffera bien plus, que l'alimentation devra être capable de fournir ce surcroît de puissance et qu'il y aura une dépense d'énergie supplémentaire.

### 4. Commande en demi-pas

La commande en demi-pas alterne les commandes en phase par phase et en phases simultanée.

| Commande | 1 | 1a | 2 | 2a | 3 | 3a | 4 | 4a | 1 |
|---|---|---|---|---|---|---|---|---|---|
| $V_A$ | + | + | 0 | – | – | – | 0 | + | + |
| $V_B$ | 0 | + | + | + | 0 | – | – | – | 0 |

*Avantages*

• Avec ce type de commande on double le nombre de positions possibles du rotor par tour. La résolution angulaire est deux fois meilleure.

*Inconvénients*

• Le couple que peut fournir le moteur dépend de la position.
• La consommation varie du simple au double suivant la position.
• Le circuit de commande est légèrement plus complexe avec ce type de cycle.

## IV. Structures du stator et du rotor

### 1. Résolution angulaire et nombre de pas

*Résolution angulaire : R* (angle décrit à chaque pas) $R(°) = \dfrac{360}{N_{pas}}$

*Nombre de pôles du rotor :* $N_{pôles}$
*Nombre de pas par tour :* $N_{pas}$

$$N_{pas} = 2 \times N_{pôles}$$

### 2. Moteur à deux phases

Dit « moteur à alimentation bipolaire » ou par abréviation « moteur bipolaire ». Pour ce moteur, chaque bobinage doit pouvoir être alimenté sous une tension positive ou négative. Deux dispositifs d'alimentation peuvent être utilisés :

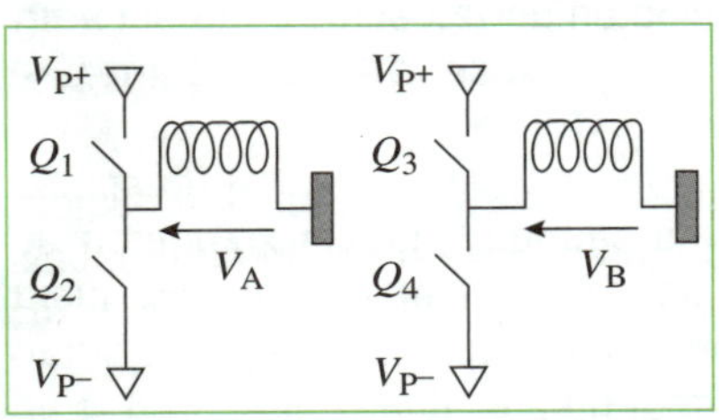


**Commande par alimentation bipolaire**

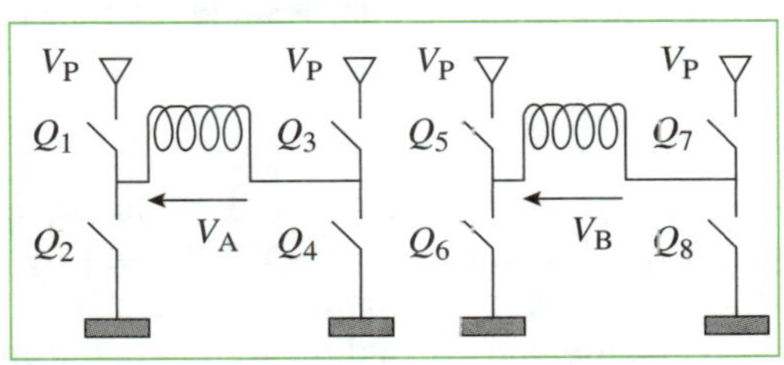


**Commande en H par alimentation unipolaire**

Il n'est pas toujours facile de disposer d'une alimentation bipolaire. La structure en H permet la commande du moteur à deux phases à partir d'une alimentation unipolaire. Le circuit de commande en H est plus compliqué, c'est un inconvénient mais une seule alimentation est nécessaire, c'est là un avantage. Il existe de nombreux circuits intégrés qui incorporent tous les transistors de la commande en H.

**Moteur à quatre phases**

Dit « moteur à alimentation unipolaire » ou par abréviation « moteur unipolaire ».

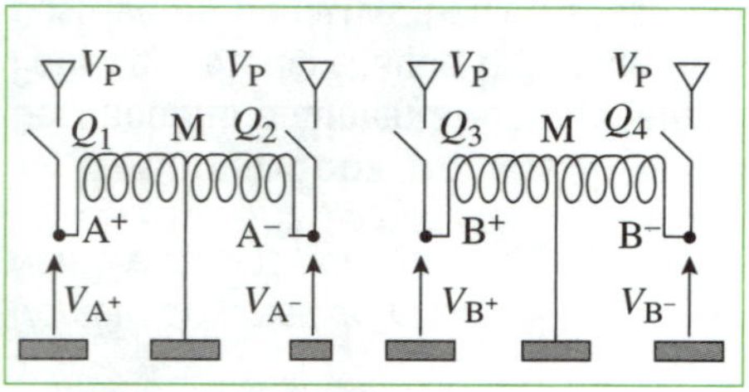

**Commun à la masse**

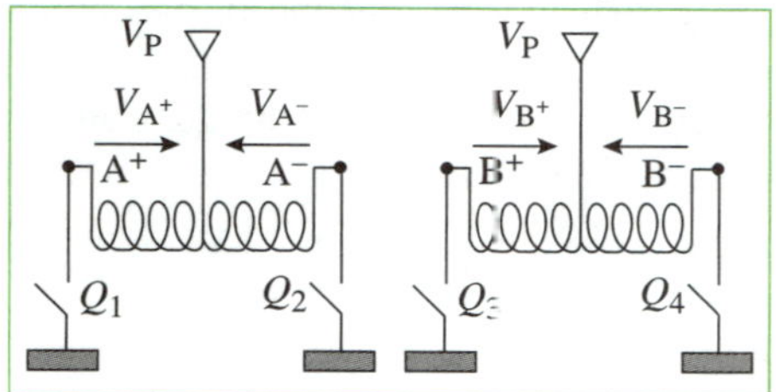

**Commun au positif alimentation**

Le bobinage quatre phases simplifie la commande à partir d'une alimentation unipolaire. Il est cependant moins performant qu'un moteur à deux phases de conception similaire.

# V. Autres moteurs

## 1. Moteur pas à pas à rotor non aimanté

Aussi appelé moteur à réluctance variable. Il ressemble au moteur à rotor aimanté, mais le rotor non cylindrique est une pièce en matériau magnétique (fer) non aimanté. Le stator porte au moins trois bobines, disposées différemment de celles du moteur à rotor aimanté. Lorsqu'une bobine est parcourue par un courant, le rotor s'oriente pour lui présenter une masse magnétique, le sens du courant dans le bobinage n'a pas d'importance.

Ce moteur est peu employé car il a des performances médiocres.

## 2. Moteur hybride

Il combine les principes des deux moteurs à rotor non aimanté et aimanté.

Il se commande exactement comme le moteur pas à pas à rotor aimanté (phase par phase, phases simultanées, demi-pas).

Comme pour le moteur à rotor aimanté, il est disponible en bobinage à deux ou quatre phases et les circuits de commande sont identiques.

Il est fréquemment utilisé pour la conception des moteurs à grand nombre de pas par tour et est plus précis qu'un moteur à rotor aimanté.

Le rotor et le stator sont beaucoup plus simples à construire qu'avec la technologie à rotor aimanté lorsqu'un grand nombre de pas est nécessaire.

# CAPTEURS

La gestion électronique d'un processus commence toujours par le captage d'une ou de plusieurs grandeurs physiques d'un système.

## I. Capteurs à interface normalisée

De nombreux capteurs du domaine industriel sont construits pour délivrer une information normalisée. Cela simplifie la mise en œuvre dans la mesure où il existe par ailleurs des circuits capables de gérer sans transformation ces informations. On peut citer par exemple les :

- boucle de courant 4-20 mA,
- liaison RS232, RS422 ou RS485,
- bus CAN,
- fibus…

Un capteur à interface normalisée est plus cher qu'un capteur sans électronique de mise en forme de l'information.

## II. Capteurs de déplacement à effet potentiométrique

Une tension continue et constante est appliquée aux bornes extrêmes d'un potentiomètre à loi de variation linéaire. La tension prélevée entre l'une des extrémités du potentiomètre et le curseur est proportionnelle au déplacement.

*Qualités*

Simplicité de la mise en œuvre.
La tension de sortie est de forte amplitude et ne nécessite pas d'être amplifiée.

*Défauts*

Le contact avec la piste se fait avec frottement, elle peut s'user.
La tension suit une progression en marches d'escalier si le potentiomètre est à technologie bobinée.

## III. Capteur de température résistor PT100

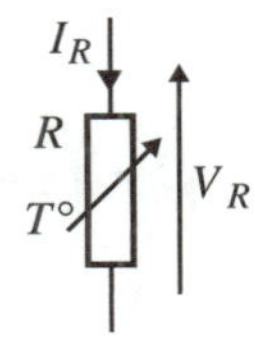


C'est un résistor à coefficient de température positif (la résistance augmente avec la température). C'est un standard de la mesure de températures. Constitué d'un film ou d'un fil de platine, sa résistance vaut : 100 Ω à 0 °C et 138,5 Ω à 100 °C.

*Qualités*

- Simplicité de la mise en œuvre.
- Mesure des températures élevées.
- Mesure des températures négatives.
- Caractéristique très bien connue.

*Défauts*

- Variation à loi non linéaire.
- La résistance peut être modifiée en présence de certains gaz.

## IV. Capteur de température résistor à CTN

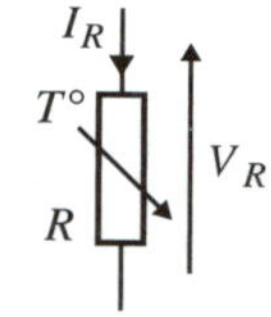


C'est un résistor à Coefficient de Température Négatif (la résistance diminue avec la température). Sa loi de variation (résistance en fonction de la température) est bien connue mais de façon moins rigoureuse que celle du capteur PT100.

*Qualités*
- Simplicité de la mise en œuvre.
- Très économique (moins d'un euro).

*Défauts*
- La variation n'est pas linéaire.
- La température ne doit pas excéder 120 à 150 °C.

## V. Capteur de température résistor à CTP

C'est un résistor à Coefficient de Température Positif. Sa loi de variation est fortement non linéaire et présente un seuil très marqué. On l'utilise seulement pour *détecter le seuil* de température pour lequel il est fabriqué.

*Qualités*
- Très économique (moins d'un euro).

*Défauts*
- Ne peut pas servir à la mesure mais seulement à la détection d'un seuil de température.
- Température maximale de 150 à 170 °C.

## VI. Capteurs de température à thermocouple

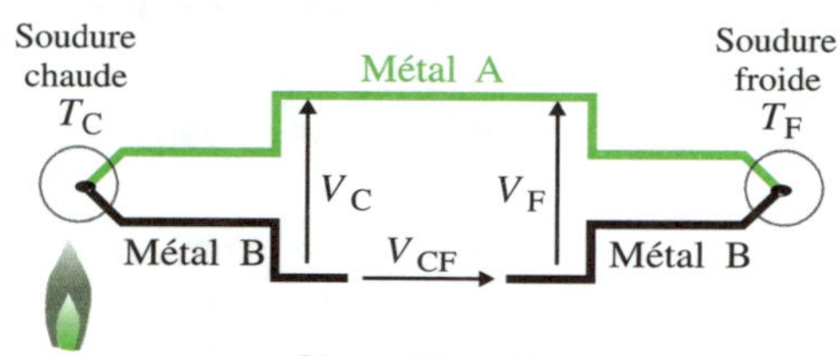


$$V_{CF} = V_C - V_F$$

La différence de potentiel $V_C$ est fonction de la température de soudure chaude $T_C$. De la même manière $V_F$ est image de la température de soudure froide. Seule la différence de potentiel $V_{CF}$ est accessible à la mesure.

Les courbes de variation des f.e.m. dépendent des alliages constituant les métaux A et B. Les thermocouples industriels sont normalisés et repérés par une lettre : B, E, J, K, N, R, S ou T.

Pour la connexion à distance d'un thermocouple on utilise des câbles de compensation aux propriétés thermoélectriques voisines de celles des métaux A et B.

*Qualités*
- Les températures mesurées peuvent être très élevées.

*Défauts*
- Non linéarité.
- Nécessité de compensation de la soudure froide.
- Amplitude très faible de la tension à la pleine échelle.
- Sensibilité très faible de la fonction (quelques μV/°C).
- Sensible à la nature des gaz.

## VII. Capteurs de température à semi-conducteurs

Il existe de nombreux composants électroniques spécialisés, conçus pour la mesure de température à sortie analogique ou numérique.

### Capteurs de température à variation de tension zener LM335

Le LM335 est un composant ayant un comportement de diode zener. Sa tension de zener est proportionnelle à la température dans l'échelle de degré Kelvin. La pente de la caractéristique est de 10 mV par degré : $V_Z = 10 \times 10^{-3} \times T_K$.
$T_K$ étant la température en degrés Kelvin, $T_C$ celle en degrés Celsius, alors $T_K = T_C + 273$.

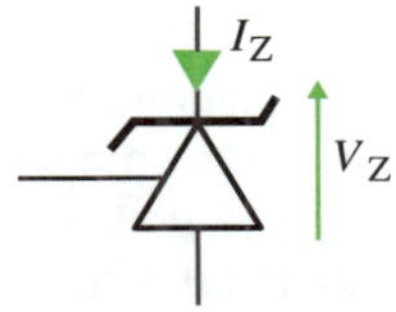


*Qualités*

- Simplicité de la mise en œuvre.
- Linéarité.
- Graduation directe en mV/°K.
- Amplitude de la variation relativement importante.

*Défaut*

- Plage de température faible

## VIII. Capteurs de contrainte à jauges extensiométriques

Ils permettent de déterminer les efforts dans les matériaux, et sont à l'origine de toutes sortes de capteurs de force, couple, pression… Une pièce mécanique soumise à une traction s'allonge. Lorsque l'on étire un fil par traction, sa longueur augmente et sa section diminue. Or, la résistance est liée à la résistivité du conducteur électrique et à ses dimensions par la relation :

$$R = \rho \frac{\ell}{s}$$

($\rho$ : résistivité $\ell$ : longueur $s$ : section).

### 1. Forme commerciale

Les capteurs à jauges extensiométriques sont disponibles :
– nus pour être collés à la surface de pièces mécaniques sous contraintes ;
– montés dans un dispositif de mesure d'une grandeur physique.

- Capteurs de force.
- Capteurs de couple.
- Capteurs de pression.
- Capteurs d'accélération…

### 2. Traitement de l'information

Les jauges de contrainte sont en général montées dans une structure en pont de Wheatstone :

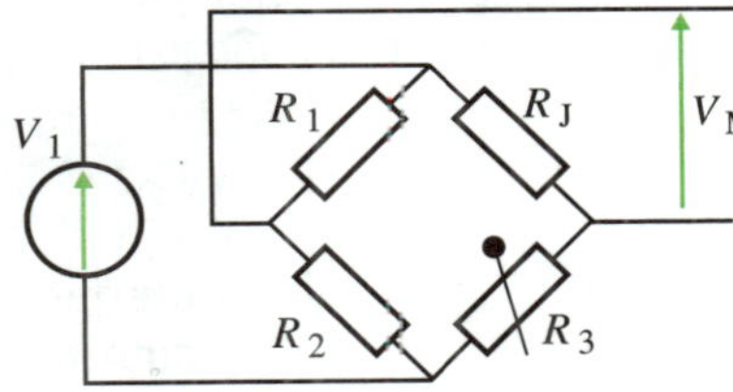

$$V_M = V_1\left(\frac{R_2}{R_1 + R_2} - \frac{R_3}{R_3 + R_J}\right).$$

$V_1$ : référence de tension
$R_J$ : jauge de contrainte
$V_M$ : V Mesure

*Qualité*

- Principe de mesure simple

*Défauts*

- Difficulté du collage des jauges nues
- Variations très faibles de la résistance
- Effets de la température sur la résistance

## IX. Capteurs de position logiques incrémentiels

Ce sont des capteurs de position par comptage d'événements. Ils sont constitués d'une règle ou d'un disque gradué et transparent (ou réflectif) et de deux capteurs optiques de détection des graduations. Le chronogramme d'état des capteurs est suffisant pour déterminer la position relative de la règle.

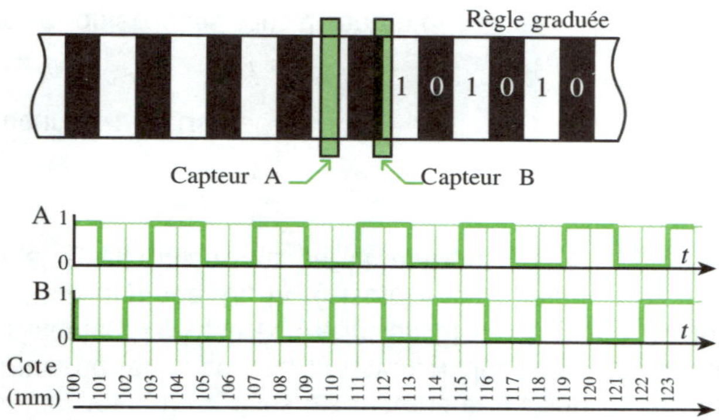


*Qualités*

- Le capteur est simple et robuste.
- Très grande précision dans le positionnement.
- Les pièces ne sont pas en contact il n'y a pas d'usure mécanique.

*Défauts*

- Sensibilité aux poussières si le dispositif n'est pas étanche.
- Il peut y avoir « perte de pas », le positionnement est décalé et le reste sans que l'on s'en rende compte.
- Obligation de l'opération « Zéro machine » à la mise sous tension.
- En cas d'interruption de l'alimentation en cours de travail, un « Zéro machine » doit être effectué.

## X. Capteurs de position logiques absolus

Ils sont constitués d'une règle ou d'un disque portant pour *chaque position* un codage transparent et d'un ensemble de capteurs optiques de détection d'un mot binaire. Le dessin des zones sombres et claires du disque produit une sortie en binaire réfléchi.

Le signal est souvent mis en forme au niveau du capteur. Il peut alors être transmis sous forme série synchrone ou asynchrone (RS232, RS422...). Avant la transmission, le signal est en général converti, du binaire réfléchi au binaire naturel.

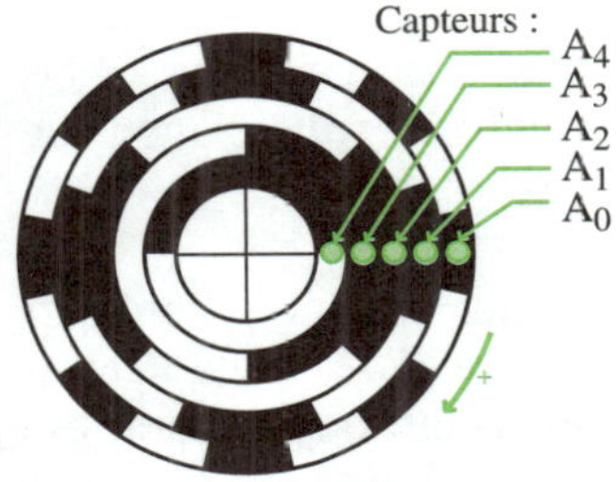


*Qualités*

- En cas d'interruption de l'alimentation, l'information de position est conservée.
- On ne peut pas perdre de pas.
- « Zéro machine » à la mise sous tension inutile.

*Défauts*

- Réalisation du disque ou de la règle difficile.
- Ce capteur nécessite beaucoup de capteurs optiques.
- La transmission de l'information exige une mise en forme au niveau du capteur.
- Prix plus élevé que celui d'un capteur incrémentiel.

## XI. Capteurs de présence optiques

Ils sont très utilisés dans l'industrie comme détecteurs de franchissement pour le comptage, la détection de passage, la détection de fin de course, la présence d'un être humain... Les capteurs de présence optiques peuvent facilement être réalisés par l'assemblage d'un émetteur et d'un récepteur lumineux. Ils sont également disponibles sous forme :

– de modules prêts à l'emploi, fournissant une information déjà élaborée (fermeture d'un contact, tension variable...) ;

– d'un couple de semi-conducteurs émetteur/récepteur dans un même boîtier.

*Qualités*

- Détection sans contact.
- Détection à distance.
- Fiabilité.

*Défaut*

- Ils peuvent être perturbés par la lumière ambiante.

### 1. Barrière optique

Les barrières optiques sont de conception simple, un émetteur de lumière (IR) et un récepteur sont placés de part et d'autre de la zone de détection. L'occultation du faisceau par un objet est détectée par le récepteur optique.

### 2. Capteur à réflexion

Dans la barrière à réflexion l'émetteur de lumière et le récepteur sont montés côte à côte dans le même boîtier. Le faisceau émis est réfléchi vers le récepteur soit par un réflecteur placé de l'autre côté de l'objet à détecter soit par l'objet lui-même.

# XII. Capteurs magnétoélectriques

## 1. Détecteur de présence d'objet métallique

Ce capteur produit un champ magnétique variable de quelques dizaines de kilohertz dans le sens de la détection grâce à un bobinage. Le détecteur provoque la fermeture d'un contact ou la saturation d'un transistor lorsqu'une masse métallique est placée dans le champ magnétique en dessous de la distance de détection.

## 2. Capteur de champ magnétique à effet Hall

L'effet Hall permet la mesure analogique d'un champ magnétique. Des composants semi-conducteurs ont été développés comme le KSY14 Siemens. Un capteur à effet Hall nécessite une source de courant pour sa mise en œuvre, la grandeur de sortie est une tension proportionnelle au champ appliqué.
On trouve aussi des composants détecteurs de champ magnétique. L'information délivrée est alors un niveau logique ou l'état d'un transistor (saturé ou bloqué) dès qu'un seuil de champ est dépassé.

## 3. Mesure de variations de champ magnétique par une bobine

Un champ magnétique *variable* crée une différence de potentiel aux bornes d'une bobine. Un exemple d'application de la bobine en capteur de champ magnétique est le captage des ondes radioélectriques. La bobine peut être réalisée sur un noyau en matériau ferro-magnétique qui a la propriété de concentrer les lignes de champ.

## 4. Dynamo tachymétrique (capteur de vitesse de rotation)

Une dynamo est constituée d'un aimant à deux pôles (rotor) tournant devant un bobinage fixe (stator). *L'amplitude* de sa fem et sa *fréquence* sont proportionnelles à la fréquence de rotation de son rotor. Ces deux grandeurs peuvent être utilisées pour traduire la vitesse de la machine à laquelle la dynamo est couplée.

# XIII. Capteurs de présence à ultrasons

La face active du détecteur comporte un élément piézoélectrique vibrant à une fréquence de 50 kHz à 200 kHz. Un matériau, placé devant le capteur, réfléchit l'onde ultrasonore qui est captée en retour par l'élément piézoélectrique. Le capteur provoque alors la fermeture d'un contact ou la saturation d'un transistor.
*Qualité*

• Ils permettent une détection d'objets non métalliques, liquides, carton… contrairement aux détecteurs magnétoélectriques.

FICHE 35

# LA MODULATION D'AMPLITUDE

## I. Fonctionnel

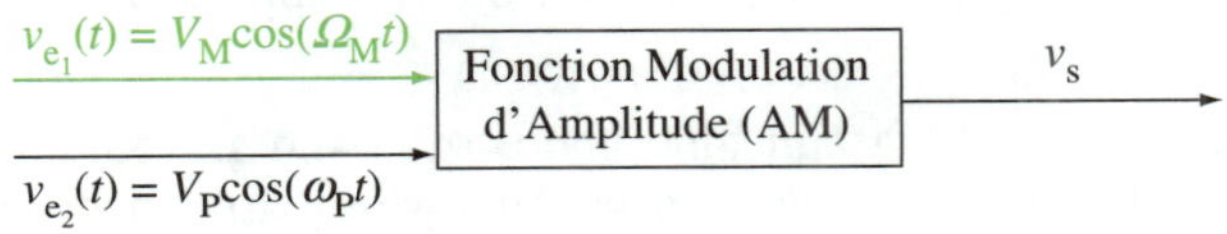


La fonction modulation d'amplitude permet de fournir en sortie un signal de fréquence $f_P$ fixe, dont l'amplitude est variable.

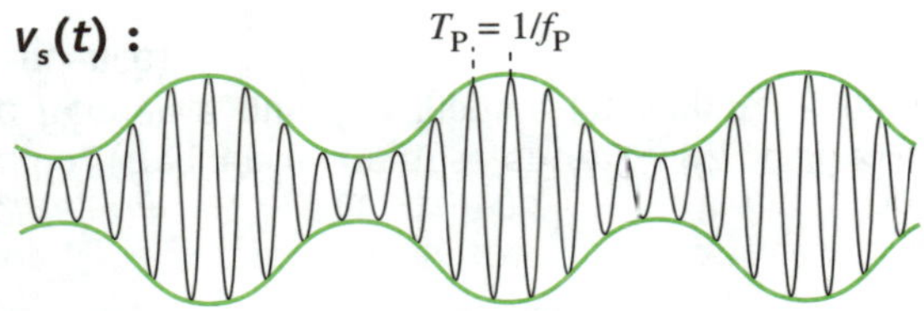


Si on trace l'évolution de **l'amplitude** du signal de sortie en fonction du temps, on retrouve un autre signal, de fréquence $f_M$ :

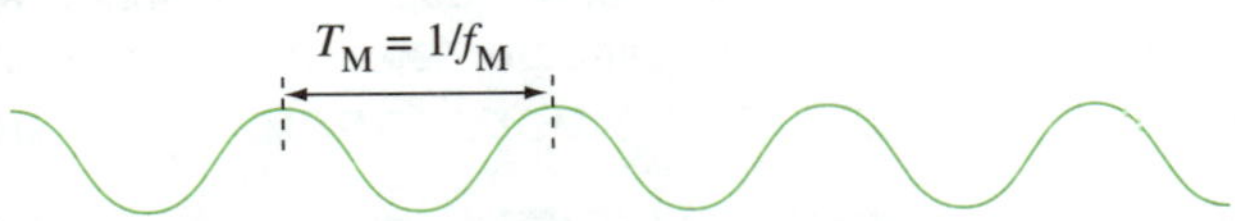


Le signal $V_s$ est donc « construit » avec 2 signaux : un signal haute fréquence $f_P$ qui sera appelé signal porteur et un signal basse fréquence $f_M$ appelé modulant.

## II. Équations

Comme tout signal, un signal modulé a son équation :

$s(t) = V_P\,[1 + k.V_M.\cos(\Omega_M.t)]\,\cos \omega_P t \qquad \Omega_M = 2.\pi.f_M \qquad \omega_P = 2.\pi.f_P$

On définit $m$, l'indice de modulation : $m = k.V_M$.

D'où $s(t) = V_P\,[1 + m\cos(\Omega_M.t)]\,\cos \omega_P t$

## III. Spectre du signal

### 1. Qu'est-ce qu'un spectre ?

Pour représenter un signal sinusoïdal, nous utilisons la représentation en fonction du temps. En électronique, il est parfois préférable d'utiliser la représentation en fonction de la fréquence (appelée analyse spectrale). Il suffit de porter sur l'axe des abscisses, non plus le temps, mais la fréquence.

Le signal :

$v(t) = V_0 + V_1.\sin(2.\pi.f_1.t) + V_2.\sin(2.\pi.f_2.t)$

aura comme représentation spectrale la figure ci-contre.

Une raie à la fréquence $f_1$ d'amplitude $V_1$, une autre à la fréquence $f_2$ d'amplitude $V_2$ et une autre à la fréquence nulle (continu) d'amplitude $V_0$.

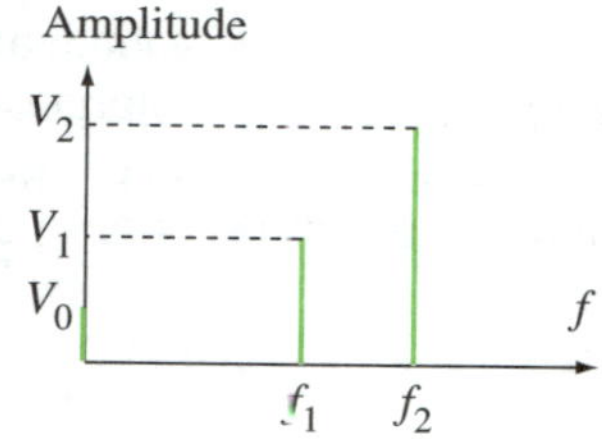


## 2. Spectre d'un signal AM

$v(t)$ peut s'écrire : $V_P\cos(\omega_P t) + \frac{mV_P}{2}[\cos[(\omega_P - \Omega_M)t] + \cos[(\omega_P + \Omega_M)t]$.

On s'aperçoit alors que $s(t)$ est une somme de trois sinusoïdes, d'où la décomposition spectrale d'un signal modulé en amplitude : La décomposition spectrale d'un signal modulé en amplitude possède donc 3 raies. Une à la fréquence du signal porteur $f_P$, et 2 autres dites latérales.

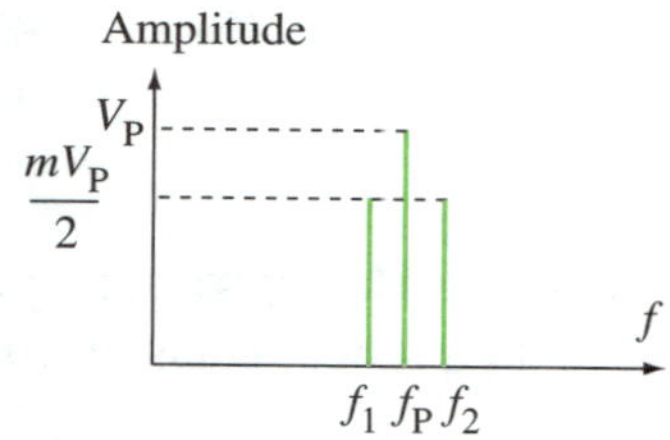


# IV. Utilisation de la modulation d'amplitude

La MA permet de transmettre des informations basse fréquence grâce à un signal porteur haute fréquence. Elle déplace le spectre du signal à transmettre.
Avec plusieurs fréquences porteuses différentes, on peut donc transmettre plusieurs signaux basse fréquence sans risquer que les signaux basse fréquence se « brouillent » entre eux.

*Exemple de transmission audio*

Pour transmettre un signal audio, (fréquence comprise entre 20 Hz et 20 kHz), on utilise un signal en haute fréquence que l'on module en amplitude par le signal à transmettre (basse fréquence).

Ainsi, le signal peut être transformé en une onde électromagnétique par une antenne. L'avantage est que cette onde aura une longueur plus petite que le signal audio :

– longueur d'onde d'un signal audio : $15.10^3$ m < $\lambda$ < $15.10^6$ m.

– longueur d'onde d'un signal porteur à 600 MHz (par exemple) : $\lambda$ = 50 cm.

FICHE 36

# CONVERSIONS ANALOGIQUE-NUMÉRIQUE ET NUMÉRIQUE-ANALOGIQUE

## I. Convertisseur numérique-analogique

Permet de transformer une information numérique $N$ en information analogique $V$, tension dont l'amplitude est une fonction linéaire du nombre $N$.
Cette fonction est généralement réalisée par un composant spécifique associé à quelques composants électroniques de base (ALI, résistors, ...).

### Entrées du CNA

**Entrée numérique $N$ :** c'est le signal à convertir. Il se présente sous la forme d'un ensemble de $n$ bits formant un nombre $N = [D_{n-1}, ..., D_2, D_1, D_0]$. Le mot est le plus fréquemment un mot binaire appliqué de manière parallèle. Certains convertisseurs reçoivent leur nombre $N$ de façon série

**Entrée(s) de référence $V_{ref}$ :** elle détermine la plage de variation de la sortie. Par exemple, pour l'AD7524, la broche $V_{ref}$ reçoit un potentiel de référence. La tension de sortie de l'un des montages proposés par le constructeur est $V_{out} = N \times q = N \times V_{ref}/2^n$. Certains convertisseurs possèdent deux entrées de tension de référence notées $V_{ref}^-$ et $V_{ref}^+$. La tension de sortie peut alors varier entre $V_{ref}^-$ et $V_{ref}^+$.

**Autres entrées :** de compensation des erreurs, de validation, de contrôle, etc.

### Sortie

**Sortie analogique :** c'est la tension de sortie $V$.

### Quantum

C'est la plus petite variation de la tension de sortie. Celle qui correspond à une variation du nombre d'entrée de 1.

$$q = V_1 - V_0 .$$

$V_0$ est la tension de sortie pour $N = 0$, $V_1$ celle pour $N = 1$.

### Résolution

Au sens strict, c'est la valeur de la plus petite variation de la grandeur de sortie. C'est-à-dire le quantum. Plus petit est celui-ci, plus performant est le convertisseur. Dans les documents constructeurs, c'est le nombre de bits du mot d'entrée. Plus grand est ce nombre, meilleur est le convertisseur.

### Excursion

L'excursion de la sortie est la différence entre la plus grande valeur qu'elle peut prendre (lorsque tous les bits du nombre valent 1) et la plus petite.

$$E = V_{n_{max}} - V_0 = q(2^n - 1).$$

### Courbe de transfert / loi de variation

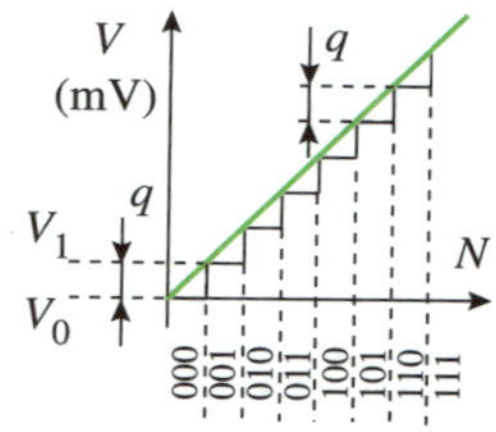


La loi de variation doit être recherchée dans la documentation du constructeur. Plusieurs montages peuvent y être proposés, la loi de variation dépend alors de celui mis en œuvre. Elle est de la forme :

$$V = V_0 + N.q$$

$V_0$ est la tension de sortie pour $N = 0$, $V_0$ peut être nulle, $q$ est le quantum.

Ou encore :

$$V = V_0 + (D_{n-1}.2^{(n-1)}q + D_{n-2}.2^{(n-2)}q + \dots + D_1.2q + D_0.q)$$

### Précisions

On appelle $\varepsilon$ l'écart entre la valeur réellement fournie et la valeur théorique. La précision peut alors s'exprimer :

en pourcent de l'excursion $P_{\%} = \dfrac{100\varepsilon_{max}}{E}$ ou en fraction de bit : $P_b = \dfrac{\varepsilon_{max}}{q}$.

### Erreurs

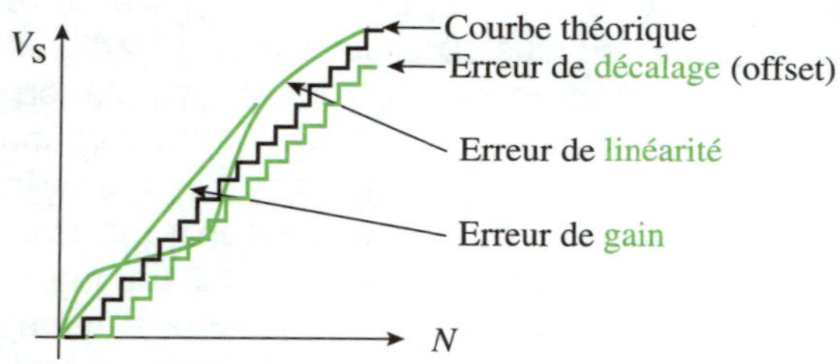


### Temps de conversion

C'est le temps mis par le convertisseur pour fournir une tension $V$ stable en sortie à partir du moment où la donnée $N$ est présentée en entrée.

C'est un paramètre de choix important notamment pour les applications rapides.

## 1. Les différents types

### CNA à résistances pondérées

Avantage : Rapidité de conversion

Inconvénients : Nécessite des résistors de précision (coûteux) et d'une dynamique de valeur de résistance importante.

**Ces convertisseurs ne sont quasiment plus utilisés.**

### CNA à réseau *R*/2*R*

Un réseau de résistors *R*/2*R* est utilisé pour créer des courants dont l'amplitude de chacun est le double du précédent. Seuls les courants correspondant aux bits positionnés à 1 de N sont transmis en sortie. Si on souhaite une sortie en tension, il suffit d'ajouter un convertisseur courant – tension.
*Avantages :* peu coûteux, temps de conversion acceptables.
*Inconvénients :* précision moyenne.

### CNA à miroir de courant

Ces convertisseurs offrent une meilleure précision et sont plus rapides que les précédents convertisseurs. Ils utilisent des transistors montés en miroir de courant.

## II. Convertisseur analogique-numérique

### Entrées

Entrée analogique : signal (courant ou tension) à convertir. C'est son amplitude qui est représentative pour le nombre à fournir en sortie.
Entrées d'alimentation du convertisseur : nécessaire afin de fournir l'énergie aux circuits internes du CI.
Entrée analogique de réglage d'excursion : permet de fixer la plage de variation possible de la tension d'entrée.
Entrées numériques de contrôle : d'ordre de conversion, de sélection, de demande de lecture du résultat, d'horloge…
Entrées de compensation de défauts.

### Sorties

Sortie numérique : résultat de conversion. Il se présente sous la forme d'un bus de données à *n* bits, sur lequel est codé le nombre *N*, résultat de la conversion.
Sorties numériques de contrôle : fin de conversion (cette sortie est active quand la conversion est terminée), sortie disponible…

### Courbe de transfert / Fonction de transfert / Temps de conversion

Temps de conversion : temps mis par le convertisseur pour fournir des données stables en sortie à partir du moment où un ordre de conversion est donné.

Fonction de transfert : $N = V_e / q$.

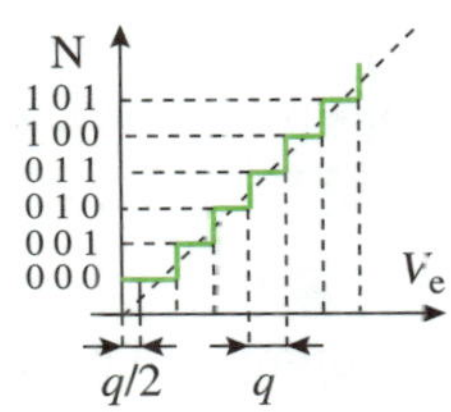

## 1. Les différents types

### CAN Flash

*Avantage :* rapidité de conversion (flash).
*Inconvénient :* ce type de convertisseur nécessite $2^n$ comparateurs, ce qui donne 256 comparateurs pour un convertisseur 8 bits !

### CAN par comptage

Un compteur fournit des codes binaires qui sont convertis par un CNA en une tension $V_C$. Cette tension est comparée à la valeur à convertir ($V_e$). Quand $V_C = V_e$, le code trouvé est fourni en sortie.
*Inconvénient :* nécessité d'utiliser un CNA. Les temps de conversion dépendent de la valeur de la tension $V_e$ . En effet, plus la tension en entrée $V_e$ est importante, plus il faut compter longtemps, donc plus le temps de conversion sera long.

### CAN à approximations successives

Même principe que le CAN par comptage, les codes étant fournis suivant la méthode de dichotomie.
*Avantages :* les temps de conversion sont toujours les mêmes.
*Inconvénients :* ces convertisseurs sont assez lents du fait de la conversion AN.

### CAN à rampe

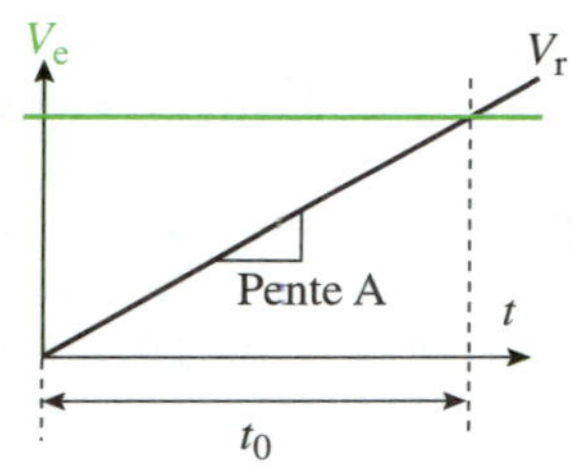


Un signal en forme de rampe ($V_r$) est comparé à la tension à convertir ($V_e$). Le nombre $N$ en sortie est proportionnel à $t_0$ ($t_0 = N.T$).
La fonction de transfert est donc :

$$N = \frac{V_e}{AT}$$

*Inconvénient :* la précision est tributaire de la constance de la pente de $V_r$ .
Les CAN à double rampe pallient cet inconvénient.

### Convertisseur tension – fréquence

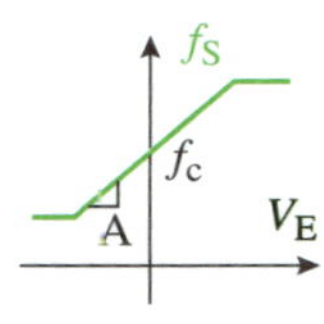


La sortie de ce convertisseur se présente sur un seul bit. C'est la fréquence $f_s$ du signal binaire présent sur cette sortie qui est proportionnelle à la valeur de l'amplitude sur l'entrée du convertisseur :
$f_s$ → fréquence du signal de sortie.
$f_c$ → fréquence centrale.
$A$ → coefficient constant (unité 1/Vs).
$V_e$ → la tension à convertir.

Fonction de transfert $f_s = f_c + A.V_e$.

# PARTIE III

# Fonctions logiques combinatoires

# PARTIE III
# FONCTIONS LOGIQUES COMBINATOIRES

# FONCTIONS LOGIQUES DE BASE

## OUI (Buffer)

Équation

$S = A$

Table de vérité

| A | S |
|---|---|
| 0 | 0 |
| 1 | 1 |

Chronogramme exemple

## NON (Inverter)

Équation

$S = \overline{A}$

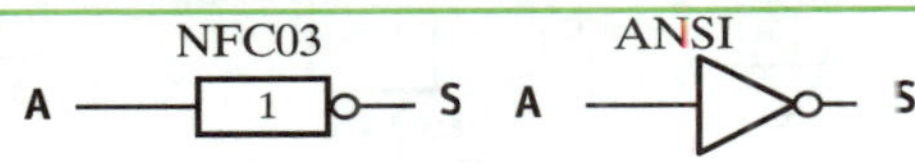


Table de vérité

| A | S |
|---|---|
| 0 | 1 |
| 1 | 0 |

Chronogramme exemple

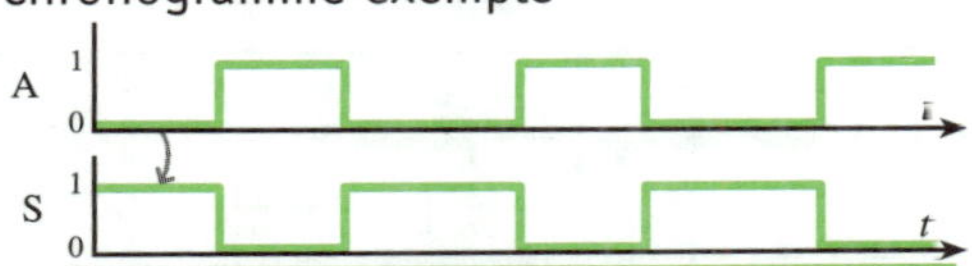


## ET (AND)

Équation

$S = A.B$

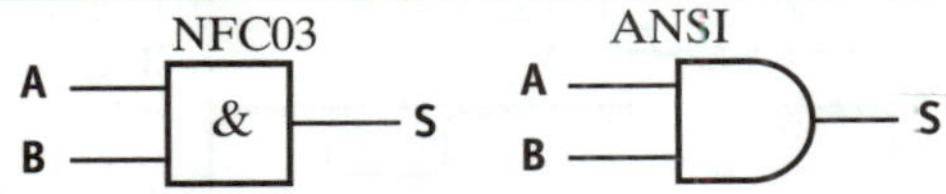


Table de vérité

| A | B | S |
|---|---|---|
| 0 | 0 | 0 |
| 0 | 1 | 0 |
| 1 | 0 | 0 |
| 1 | 1 | 1 |

Chronogramme exemple

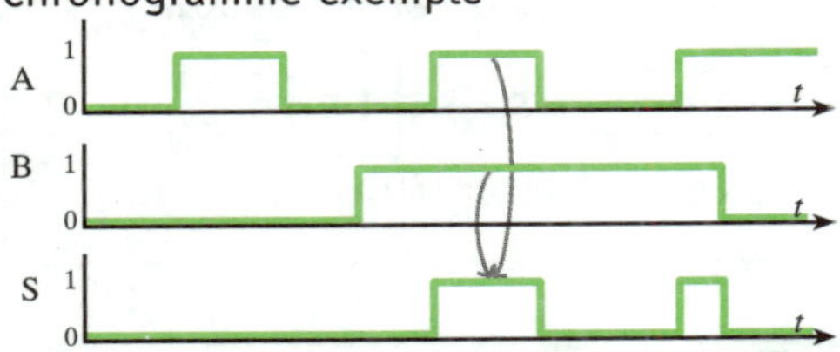


## OU (OR)

Équation

$S = A + B$

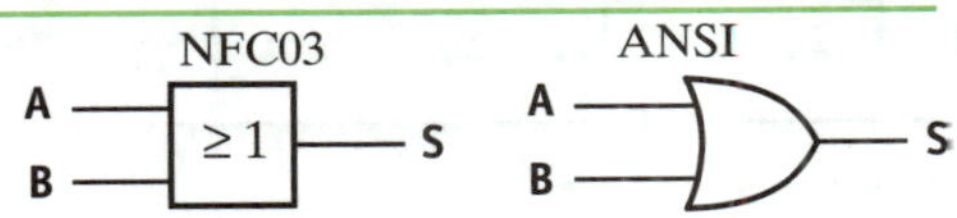


Table de vérité

| A | B | S |
|---|---|---|
| 0 | 0 | 0 |
| 0 | 1 | 1 |
| 1 | 0 | 1 |
| 1 | 1 | 1 |

Chronogramme exemple

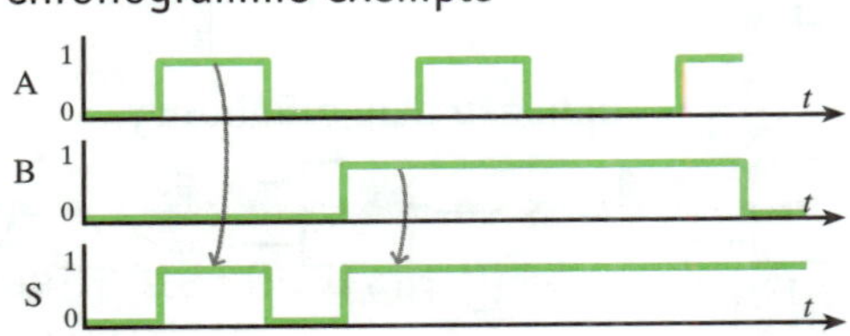

**NONET (NAND)**

Équation

$S = \overline{A.B}$

NFC03 ANSI

Table de vérité

| A | B | S |
|---|---|---|
| 0 | 0 | 1 |
| 0 | 1 | 1 |
| 1 | 0 | 1 |
| 1 | 1 | 0 |

Chronogramme exemple

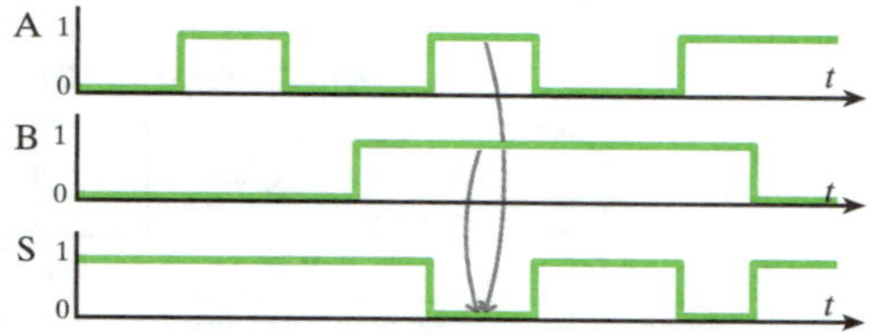

**NONOU (NOR)**

Équation

$S = \overline{A + B}$

NFC03 ANSI

Table de vérité

| A | B | S |
|---|---|---|
| 0 | 0 | 1 |
| 0 | 1 | 0 |
| 1 | 0 | 0 |
| 1 | 1 | 0 |

Chronogramme exemple

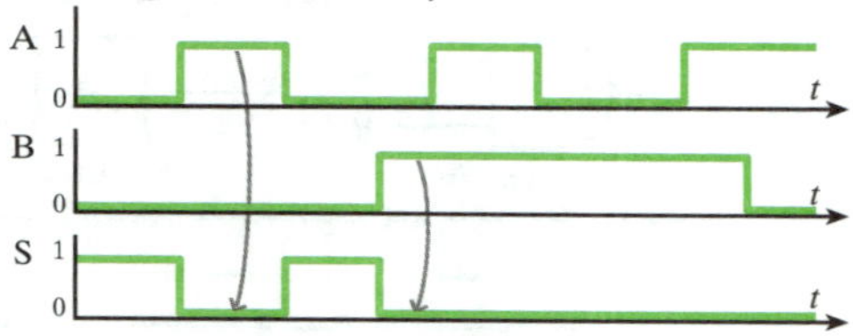

**OU exclusif (EXOR)**

Équation

$S = A \oplus B$

NFC03 ANSI

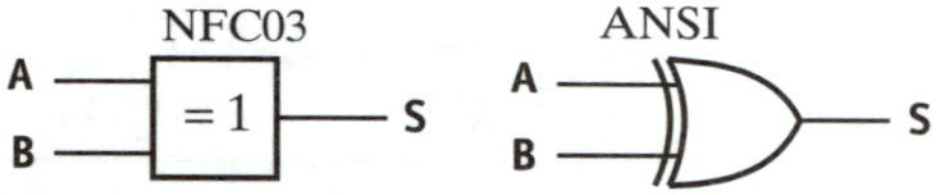

Table de vérité

| A | B | S |
|---|---|---|
| 0 | 0 | 0 |
| 0 | 1 | 1 |
| 1 | 0 | 1 |
| 1 | 1 | 0 |

Chronogramme exemple

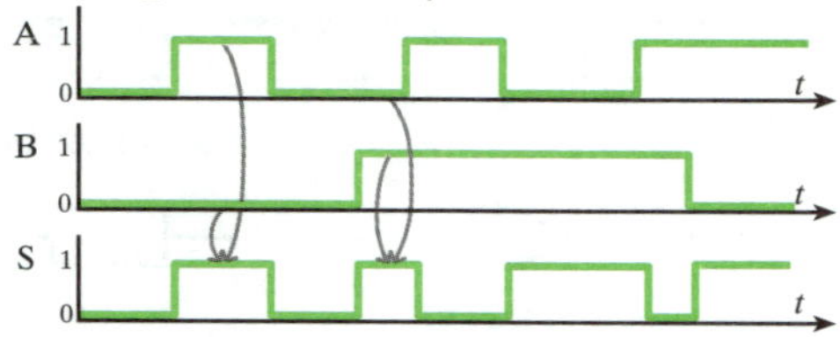

| Nom | Propriété | N° |
|---|---|---|
| Règle de priorité | $\overline{(\ )}$ $\cdot$ $+$ | 0 |
| Idempotence du ET | $A \cdot A = A$ | 1 |
| Idempotence du OU | $A + A = A$ | 2 |
| Commutativité du ET | $A \cdot B = B \cdot A$ | 3 |
| Commutativité du OU | $A + B = B + A$ | 4 |
| Associativité du ET | $(A \cdot B) \cdot C = A \cdot (B \cdot C) = A \cdot B \cdot C$ | 5 |
| Associativité du OU | $(A + B) + C = A + (B + C) = A + B + C$ | 6 |
| Distributivité ET sur OU | $A \cdot (B + C) = (A \cdot B) + (A \cdot C)$ | 7 |
| Distributivité OU sur ET | $A + B \cdot C = (A + B) \cdot (A + C)$ | 8 |
| Élément neutre ET | $1 \cdot A = A$ | 9 |
| Élément neutre NONET | $\overline{1 \cdot A} = \overline{A}$ | 10 |
| Élément neutre OU | $0 + A = A$ | 11 |
| Élément neutre NONOU | $\overline{0 + A} = \overline{A}$ | 12 |
| Élément absorbant ET | $0 \cdot A = 0$ | 13 |
| Élément absorbant NONET | $\overline{0 \cdot A} = 1$ | 14 |

| Nom | Propriété | N° |
|---|---|---|
| Élément absorbant **OU** | $1 + A = 1$ | 15 |
| Élément absorbant **NONOU** | $\overline{1 + A} = 0$ | 16 |
| Complémentation **ET** | $A \cdot \overline{A} = 0$ | 17 |
| Complémentation **NONET** | $\overline{A \cdot \overline{A}} = 1$ | 18 |
| Complémentation **OU** | $A + \overline{A} = 1$ | 19 |
| Complémentation **NONOU** | $\overline{A + \overline{A}} = 0$ | 20 |
| Involution | $\overline{\overline{A}} = A$ | 21 |
| Théorèmes de De Morgan | $\overline{A \cdot B} = \overline{A} + \overline{B}$ | 22 |
| | $\overline{A + B} = \overline{A} \cdot \overline{B}$ | 23 |
| | $A \cdot B = \overline{\overline{A} + \overline{B}}$ | 24 |
| | $A + B = \overline{\overline{A} \cdot \overline{B}}$ | 25 |
| Propriétés induites | $A + \overline{A} \cdot B = A + B$ | 26 |
| | $A + A \cdot B = A$ | 27 |
| | $(A + B) \cdot (A + C) = A + B \cdot C$ | 28 |
| | $A \cdot B + \overline{A} \cdot C = A \cdot B + \overline{A} \cdot C + B \cdot C$ | 29 |

Propriétés essentielles

# TRANSFORMATIONS LOGIQUES

But : Passer d'un mode de représentation à un autre.

## I. Passage du logigramme (ou schéma) à l'équation

*En commençant par les variables d'entrées,* écrire successivement sur le schéma les termes intermédiaires de l'équation jusqu'à atteindre la sortie de la fonction.

**Circuit initial**

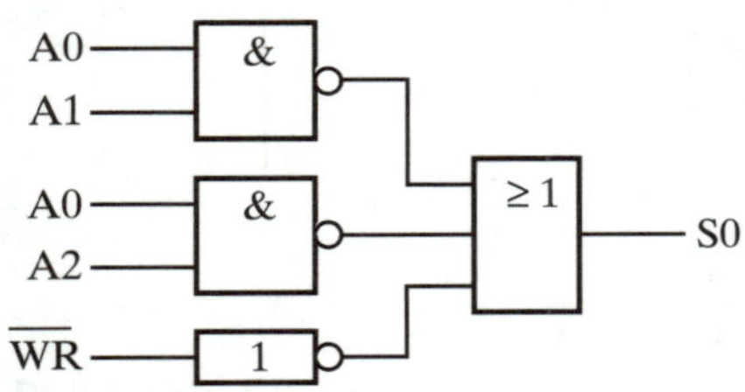


**Première étape**

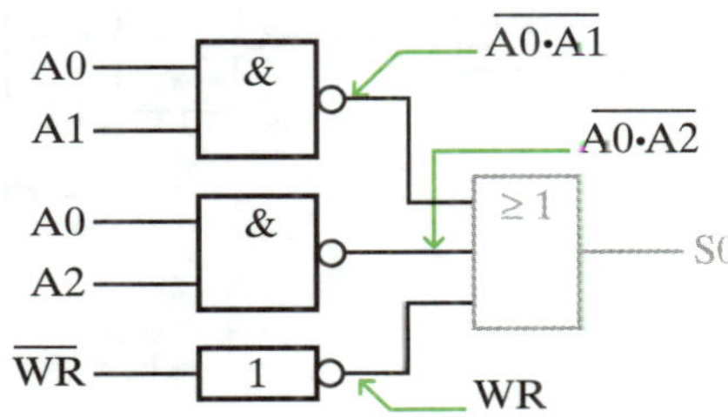


**Deuxième étape**

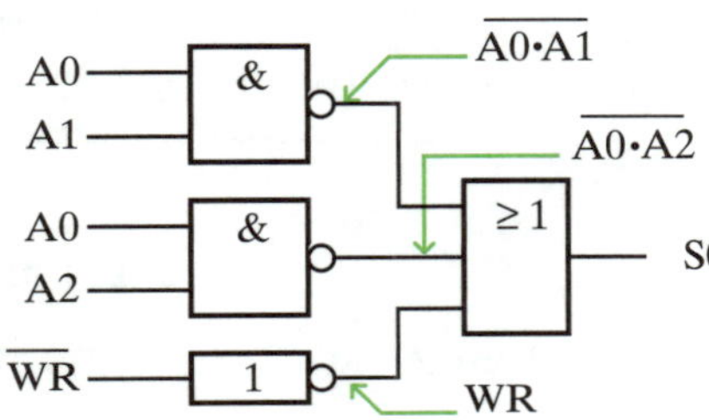


$$S0 = \overline{A0 \cdot A1} + \overline{A0 \cdot A2} + WR$$

## II. Passage de l'équation au logigramme

Dans l'équation il faut identifier les opérations en partant du niveau de priorité le plus fort vers celui le plus faible. À chaque étape de l'identification l'opérateur correspondant est dessiné.

### Équation initiale

$$SEL = \overline{\overline{X\cdot Y} \cdot (W+Z+M) \cdot \overline{U}} + A$$

### Première étape

$$SEL = \overline{\overline{X\cdot Y} \cdot (W+Z+M) \cdot \overline{U}} + A$$

NONET — OU — NON

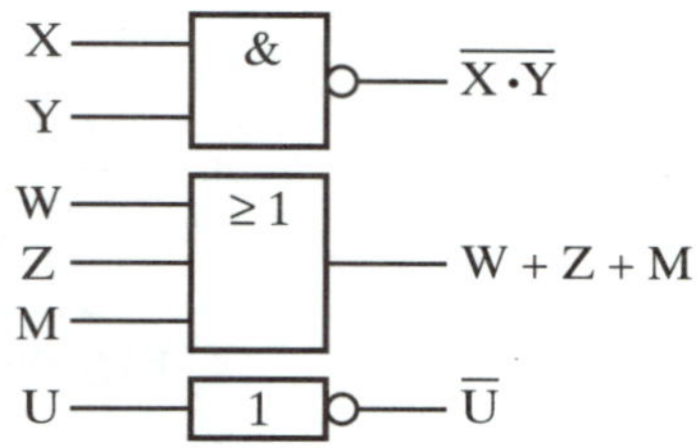


### Deuxième étape

$$SEL = \overline{\overline{X\cdot Y}(W+Z+M)\cdot\overline{U}} + A$$

NONET

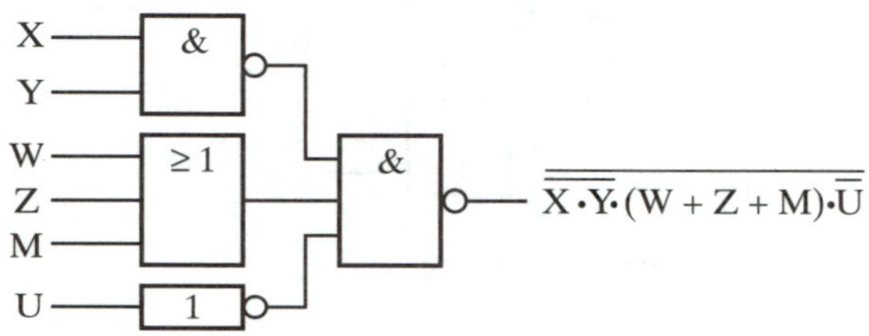


### Troisième étape

$$SEL = \overline{\overline{X\cdot Y} \cdot (W+Z+M) \cdot \overline{U}} + A$$

OU

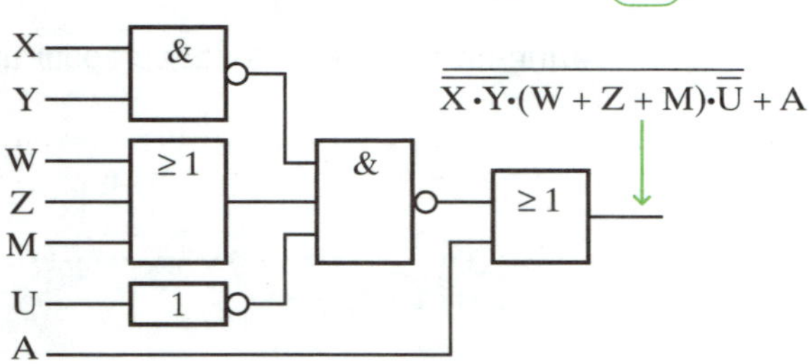

# III. Passage du logigramme à la TDV (ou à l'une de ses combinaisons)

## 1. Première méthode

Elle consiste à indiquer sur le logigramme les états logiques des variables à côté des fils correspondants. On progresse ensuite de proche en proche, des entrées vers la sortie.

Dans cet exemple, on a reporté sur le schéma les états des variables d'entrée de la ligne concernée. On en déduit l'état de sortie pour cette ligne.

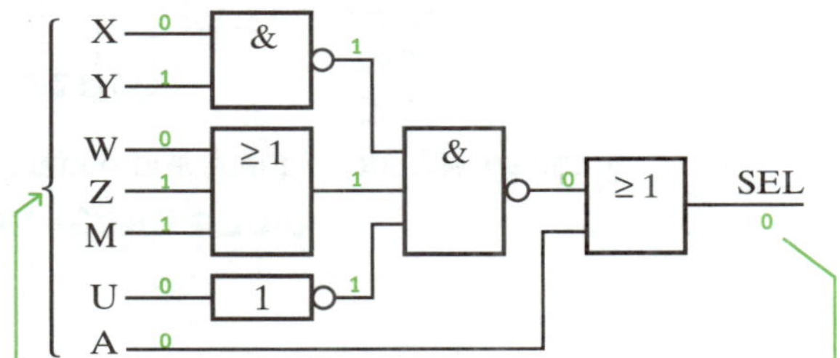


| X | Y | W | Z | M | U | A | SEL |
|---|---|---|---|---|---|---|---|
| 0 | 0 | 0 | 0 | 0 | 0 | 0 | |
| 0 | 0 | 0 | 0 | 0 | 0 | 1 | |
| | | | | | | | |
| 0 | 1 | 0 | 1 | 1 | 0 | 0 | 0 |
| 0 | 1 | 0 | 1 | 1 | 0 | 1 | |
| | | | | | | | |
| 1 | 1 | 1 | 1 | 1 | 1 | 0 | |
| 1 | 1 | 1 | 1 | 1 | 1 | 1 | |

## 2. Deuxième méthode

Elle consiste à remplir successivement des ensembles de lignes de la table de vérité avec des **1** ou des **0** en suivant un raisonnement logique. On progresse cette fois-ci de la sortie vers les entrées.

## 3. Troisième méthode

Elle consiste à rajouter à la table de vérité les variables intermédiaires du logigramme.

Dans cet exemple, on a rajouté au schéma les variables intermédiaires I et J.

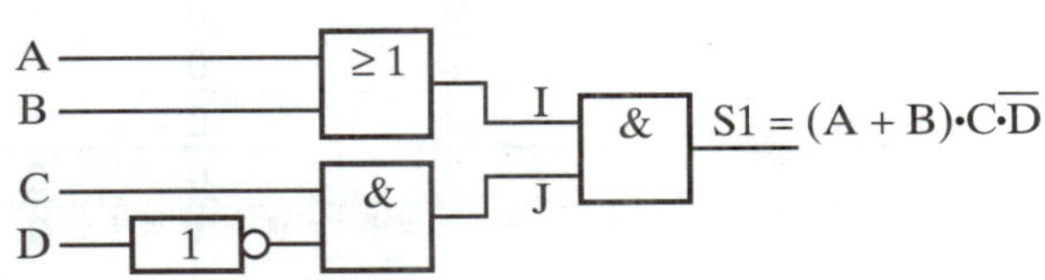

| A | B | C | D | I = A + B | J = C · $\overline{D}$ | S1 |
|---|---|---|---|---|---|---|
| 0 | 0 | 0 | 0 | 0 | 0 | 0 |
| 0 | 0 | 0 | 1 | 0 | 0 | 0 |
| 0 | 0 | 1 | 0 | 0 | 1 | 0 |
| 0 | 0 | 1 | 1 | 0 | 0 | 0 |

## IV. Passage de l'équation à la TDV

Il suffit de procéder comme dans la transformation précédente. Les trois méthodes s'appliquent avec les mêmes avantages et les mêmes inconvénients.

## V. Passage de la TDV à l'équation

L'équation peut être déduite de la table de vérité comme étant la somme logique des combinaisons produisant un état 1 de la sortie.

| D2 | D1 | D0 | S4 |
|---|---|---|---|
| 0 | 0 | 0 | 1 |
| 0 | 0 | 1 | 0 |
| 0 | 1 | 0 | 0 |
| 0 | 1 | 1 | 1 |
| 1 | 0 | 0 | 0 |
| 1 | 0 | 1 | 0 |
| 1 | 1 | 0 | 0 |
| 1 | 1 | 1 | 0 |

Dans cet exemple, S4 est à 1 si :

D2 = 0 et D1 = 0 et D0 = 0

ou bien

D2 = 0 et D1 = 1 et D0 = 1

On écrit donc S4 :

$S4 = \overline{D2} \cdot \overline{D1} \cdot \overline{D0} + \overline{D2} \cdot D1 \cdot D0$

## VI. Passage de la TDV au logigramme

La méthode utilisée au paragraphe précédent s'applique ici aussi.

Pour la table de vérité ci-dessus, il faut dessiner un ET pour chaque 1 apparaissant dans la colonne de S4. On termine alors le schéma en faisant la somme logique des sorties de ET.

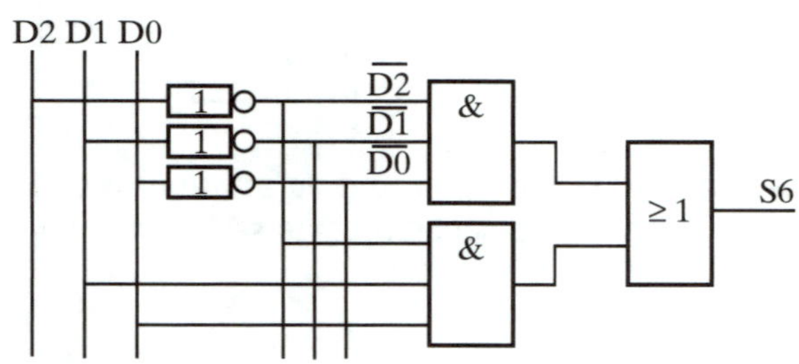

FICHE 40

# TABLEAUX DE KARNAUGH

## I. Représentation

Elle permet la description d'une fonction de manière plus condensée que la table de vérité.

*Exemple*

Dans cet exemple S1 est le nom de la variable de sortie de la fonction. A, B, C et D sont ses variables d'entrées.

Il faut noter que les états des variables d'entrées doivent être énumérés suivant une progression en binaire réfléchi (code GRAY)

| | | CD | | | |
|---|---|---|---|---|---|
| | S1 | 00 | 01 | 11 | 10 |
| AB | 00 | 1 | 0 | 1 | 0 |
| | 01 | 1 | 0 | 1 | 0 |
| | 11 | 1 | 0 | 1 | 1 |
| | 10 | 1 | 0 | 0 | 1 |

## II. Transformation de la TDV en tableau de Karnaugh et réciproque

Il suffit de reporter dans le tableau de Karnaugh l'état de la variable de sortie pour chacune des combinaisons des variables d'entrées.

La transformation inverse (du tableau de Karnaugh vers la TDV) est aussi simple.

| A | B | C | S1 |
|---|---|---|---|
| 0 | 0 | 0 | 1 |
| 0 | 0 | 1 | 0 |
| 0 | 1 | 0 | 0 |
| 0 | 1 | 1 | 1 |
| 1 | 0 | 0 | 1 |
| 1 | 0 | 1 | 0 |
| 1 | 1 | 0 | 0 |
| 1 | 1 | 1 | 1 |

| | | BC | | | |
|---|---|---|---|---|---|
| | S1 | 00 | 01 | 11 | 10 |
| A | 0 | 1 | 0 | 1 | 0 |
| | 1 | 1 | 0 | 1 | 0 |

## III. Transformation du tableau de Karnaugh à l'équation

Grâce aux tableaux de Karnaugh il est possible d'obtenir une équation très simplifiée de la fonction contrairement à ce que permet la TDV. L'équation s'obtient par des groupements respectant les règles suivantes :

- L'équation sera d'autant plus condensée (dite minimale) que les groupements seront gros.
- Une case peut être prise dans plusieurs groupements.
- Les groupements doivent toujours contenir un nombre en puissance de deux de cases adjacentes (1, 2, 4... cases) et cela dans les sens horizontaux et verticaux.

➢ Les groupements peuvent être opérés par les bords (Gauche ↔ Droite et Haut ↔ Bas)

➢ Si une case possède un état indifférent **X** (**1** ou **0** au choix) cela peut conduire à une simplification puisque les groupements ont la possibilité d'inclure ou non cet élément.

CD

| S1 (AB \ CD) | 00 | 01 | 11 | 10 |
|---|---|---|---|---|
| 00 | 1 | 1 | 0 | 0 |
| 01 | 1 | 1 | 0 | 0 |
| 11 | 1 | 1 | 0 | 0 |
| 10 | 1 | 1 | 0 | 0 |

Groupement : $\overline{C}$

Ce groupement montre que quel que soient A, B et D, si C = 0 alors S1 = 1.

$$S1 = \overline{C}$$

CD

| S2 (AB \ CD) | 00 | 01 | 11 | 10 |
|---|---|---|---|---|
| 00 | 1 | 1 | 1 | 1 |
| 01 | 1 | 1 | 1 | 1 |
| 11 | 0 | 1 | 1 | 0 |
| 10 | 0 | 1 | 1 | 0 |

Groupements : $\overline{A}$ ; $A \cdot D$

Un groupement correspond à un ET. S2 est la somme logique des groupements.

$$S2 = \overline{A} + A \cdot D$$

CD

| S2 (AB \ CD) | 00 | 01 | 11 | 10 |
|---|---|---|---|---|
| 00 | 1 | 1 | 1 | 1 |
| 01 | 1 | 1 | 1 | 1 |
| 11 | 0 | 1 | 1 | 0 |
| 10 | 0 | 1 | 1 | 0 |

Groupements : $\overline{A}$ ; $D$

Deuxième solution pour S2 : on peut inclure plusieurs fois une même case.

$$S2 = \overline{A} + D$$

CD

| S3 (AB \ CD) | 00 | 01 | 11 | 10 |
|---|---|---|---|---|
| 00 | 1 | 0 | 0 | 1 |
| 01 | 1 | 1 | 1 | 1 |
| 11 | 0 | X | 1 | 0 |
| 10 | 0 | 1 | 1 | 0 |

Groupements : $\overline{A} \cdot \overline{D}$ ; $B \cdot D$ ; $A \cdot D$

On a choisi d'inclure le terme X, les groupements sont plus gros.
Le groupement bleu se referme par les côtés.

$$S3 = \overline{A} \cdot \overline{D} + B \cdot D + A \cdot D$$

# I. Fonction multiplexage

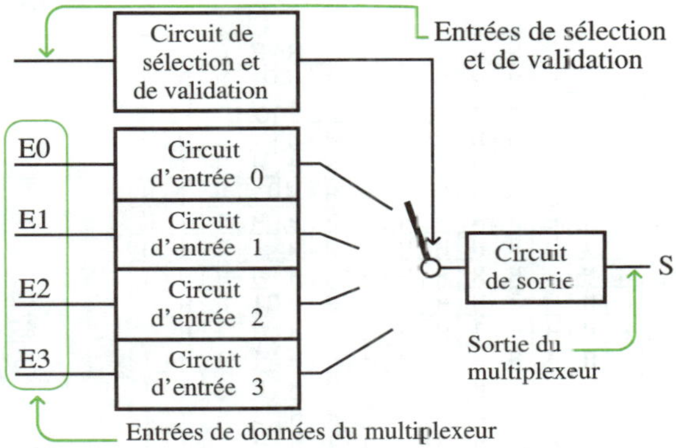


## 1. Principe

La sortie du multiplexeur peut être l'image de l'une des entrées de données. L'entrée est sélectionnée par le circuit de sélection et de validation. Il se peut aussi qu'aucune entrée ne soit sélectionnée (absence de validation).

## 2. Multiplexeur exemple 74153

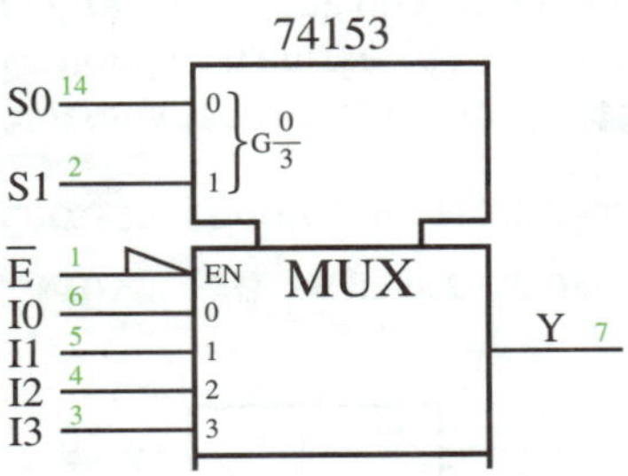


| $\overline{E}$ | S1 | S0 | I0 | I1 | I2 | I3 | Y |
|---|---|---|---|---|---|---|---|
| L | L | L | L | X | X | X | **L** |
| L | L | L | H | X | X | X | **H** |
| L | L | H | X | L | X | X | **L** |
| L | L | H | X | H | X | X | **H** |
| L | H | L | X | X | L | X | **L** |
| L | H | L | X | X | H | X | **H** |
| L | H | H | X | X | X | L | **L** |
| L | H | H | X | X | X | H | **H** |
| H | X | X | X | X | X | X | **L** |

Le 74153 comporte deux multiplexeurs identiques à 4 entrées (I) de données. Il faut 2 entrées de sélection (S) pour sélectionner une entrée parmi 4.

# II. Fonction démultiplexage

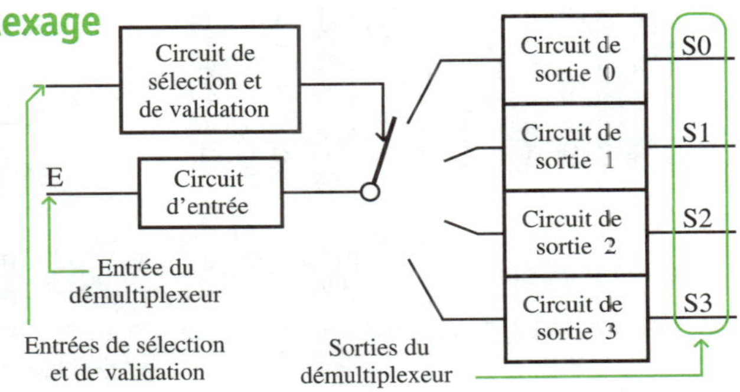


## 1. Principe

La donnée appliquée à l'entrée du démultiplexeur peut être aiguillée vers l'une des sorties au choix. Il se peut également qu'aucune des sorties ne soit sélectionnée (absence de validation).

### 2. Démultiplexeur exemple 74138

L'entrée de donnée (E) du 74138 est en fait le résultat du ET. Les entrées de sélection (A) permettent de choisir une sortie (Q) parmi 8.
On notera qu'une sortie au repos est au niveau Haut.

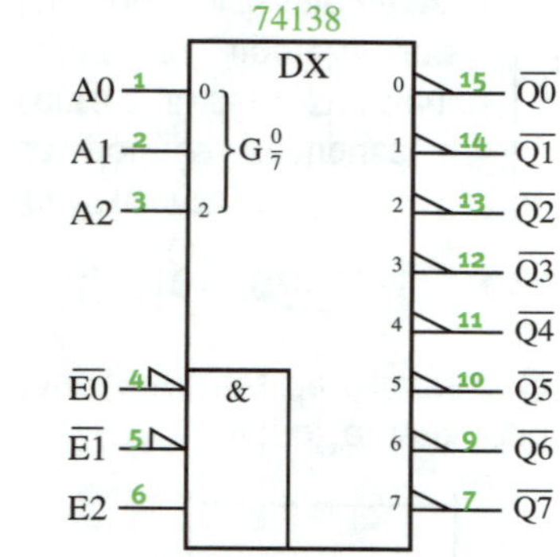


| $\overline{E0}$ | $\overline{E1}$ | E2 | A0 | A1 | A2 | $\overline{Q0}$ | $\overline{Q1}$ | $\overline{Q2}$ | $\overline{Q3}$ | $\overline{Q4}$ | $\overline{Q5}$ | $\overline{Q6}$ | $\overline{Q7}$ |
|---|---|---|---|---|---|---|---|---|---|---|---|---|---|
| H | X | X | X | X | X | H | H | H | H | H | H | H | H |
| X | H | X | X | X | X | H | H | H | H | H | H | H | H |
| X | X | L | X | X | X | H | H | H | H | H | H | H | H |
| L | L | H | L | L | L | L | H | H | H | H | H | H | H |
| L | L | H | H | L | L | H | L | H | H | H | H | H | H |
| L | L | H | L | H | L | H | H | L | H | H | H | H | H |
| L | L | H | H | H | L | H | H | H | L | H | H | H | H |
| L | L | H | L | L | H | H | H | H | H | L | H | H | H |
| L | L | H | H | L | H | H | H | H | H | H | L | H | H |
| L | L | H | L | H | H | H | H | H | H | H | H | L | H |
| L | L | H | H | H | H | H | H | H | H | H | H | H | L |

## III. Fonction transcodage

Cette fonction combinatoire change la représentation d'un nombre.

### 1. Transcodeur exemple 7442

Le nombre d'entrée (A) est un nombre BCD, la sortie est constituée de 10 informations (Y) dont une seule peut être active au niveau bas.

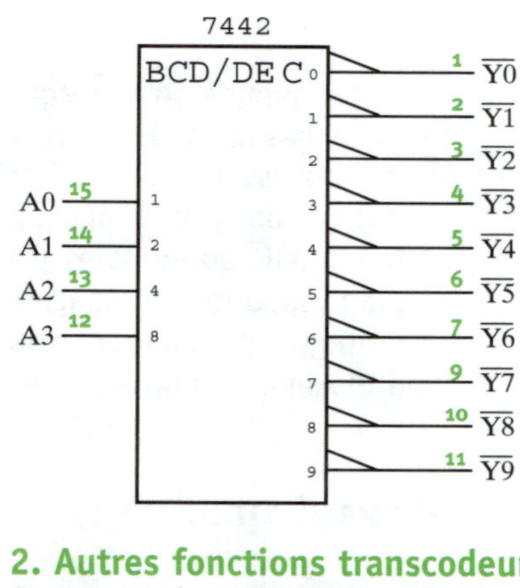


| A3 | A2 | A1 | A0 | $\overline{Y0}$ | $\overline{Y1}$ | $\overline{Y2}$ | $\overline{Y3}$ | $\overline{Y4}$ | $\overline{Y5}$ | $\overline{Y6}$ | $\overline{Y7}$ | $\overline{Y8}$ | $\overline{Y9}$ |
|---|---|---|---|---|---|---|---|---|---|---|---|---|---|
| L | L | L | L | L | H | H | H | H | H | H | H | H | H |
| L | L | L | H | H | L | H | H | H | H | H | H | H | H |
| L | L | H | L | H | H | L | H | H | H | H | H | H | H |
| L | L | H | H | H | H | H | L | H | H | H | H | H | H |
| L | H | L | L | H | H | H | H | L | H | H | H | H | H |
| L | H | L | H | H | H | H | H | H | L | H | H | H | H |
| L | H | H | L | H | H | H | H | H | H | L | H | H | H |
| L | H | H | H | H | H | H | H | H | H | H | L | H | H |
| H | L | L | L | H | H | H | H | H | H | H | H | L | H |
| H | L | L | H | H | H | H | H | H | H | H | H | H | L |
| H | L | H | L | H | H | H | H | H | H | H | H | H | H |
| H | L | H | H | H | H | H | H | H | H | H | H | H | H |
| H | H | L | L | H | H | H | H | H | H | H | H | H | H |
| H | H | L | H | H | H | H | H | H | H | H | H | H | H |
| H | H | H | L | H | H | H | H | H | H | H | H | H | H |
| H | H | H | H | H | H | H | H | H | H | H | H | H | H |

### 2. Autres fonctions transcodeur

On trouve des transcodeurs intégrés pour toutes sortes de conversions. Ces fonctions peuvent aussi être câblées, ou programmées. Quelques exemples :

- BCD ⇒ Affichage à 7 segments (composants 7446, 7447, 7448)
- Hexadécimal ⇒ Affichage à 7 segments
- Binaire naturel ⇔ Code Gray

# I. Multiplexage démultiplexage à technologie mixte

## 1. Principe

La position de l'interrupteur est sélectionnée. Le modèle d'un interrupteur fermé est une résistance nommée $R_{ON}$.

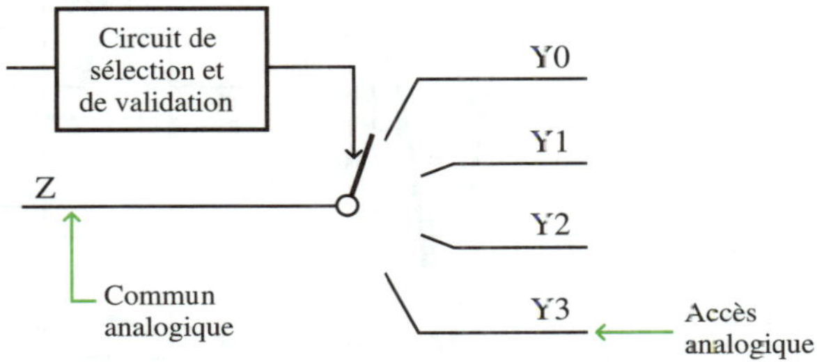


Modèle de la section analogique d'un composant à quatre accès

## 2. Composant exemple 4051

C'est une fonction à 8 accès analogiques (Y). La sélection se fait par 3 lignes (A). L'entrée de validation s'appelle $\overline{E}$, elle est active au niveau bas.

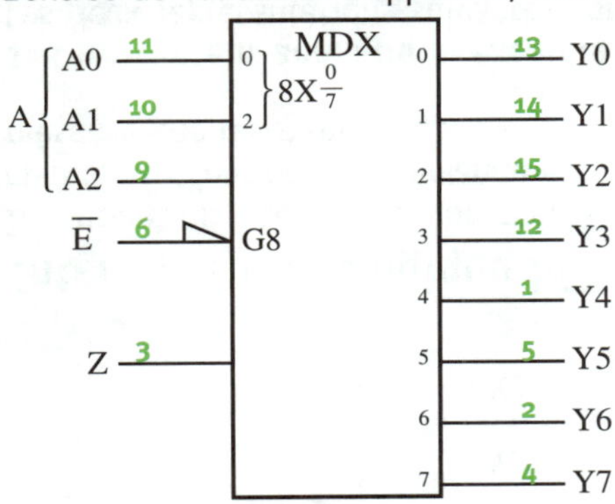


| Inputs | | | | Channel |
|---|---|---|---|---|
| $\overline{E}$ | A2 | A1 | A0 | On |
| L | L | L | L | Y0-Z |
| L | L | L | H | Y1-Z |
| L | L | H | L | Y2-Z |
| L | L | H | H | Y3-Z |
| L | H | L | L | Y4-Z |
| L | H | L | H | Y5-Z |
| L | H | H | L | Y6-Z |
| L | H | H | H | Y7-Z |
| H | X | X | X | none |

Le 4051 dispose de trois broches de tensions d'alimentation : VDD, VSS et VEE. Les accès analogiques peuvent recevoir des tensions négatives par rapport aux alimentations de la section logique. Pour être valides les potentiels d'alimentation doivent donner un point situé dans la zone « operating area ».

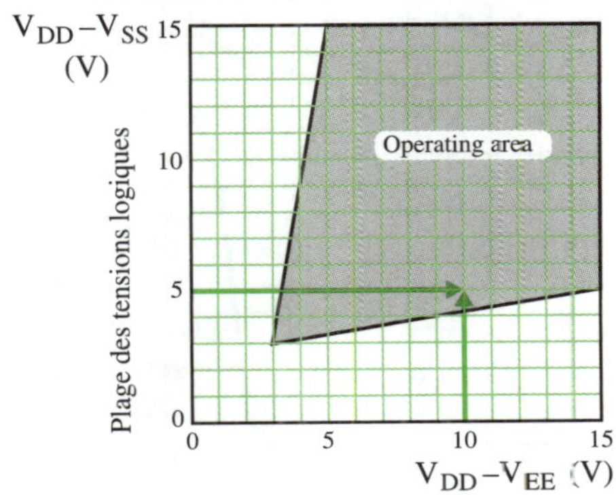


Plage des tensions analogiques

La résistance $R_{ON}$ d'un interrupteur fermé dépend d'un certain nombre de facteurs dont la tension d'alimentation et celle appliquée aux accès analogiques.
Le graphe ci-contre montre l'évolution de $R_{ON}$ (pour un courant de sortie de 200 µA et VSS = VEE).

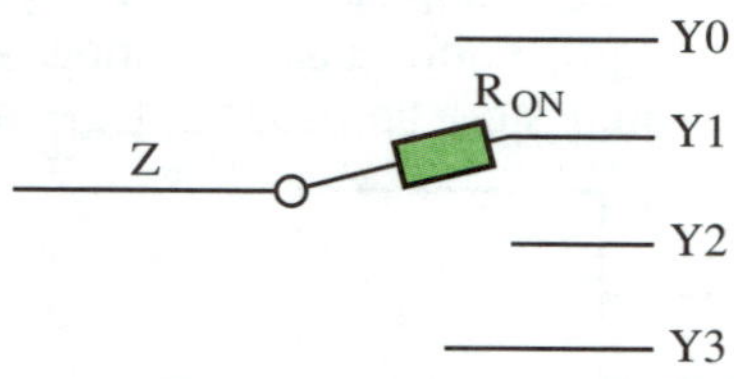


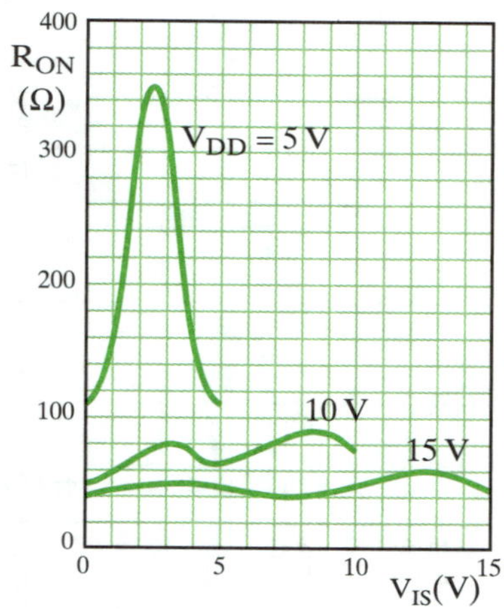


## II. Interrupteur analogique bidirectionnel

Il contient un interrupteur commandé par un état logique. Sur la représentation ci-dessous, l'entrée de commande est repérée par le symbole #. Un interrupteur présente une résistance $R_{ON}$ .

### 1. Interrupteur analogique exemple : 4066

Les deux représentations suivantes sont généralement utilisées dans les schémas. La résistance $R_{ON}$ du 4066 dépend des mêmes facteurs que celle du multiplexeur 4051.

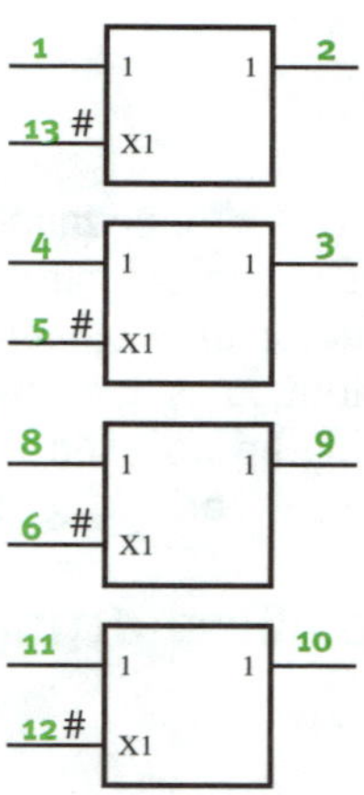


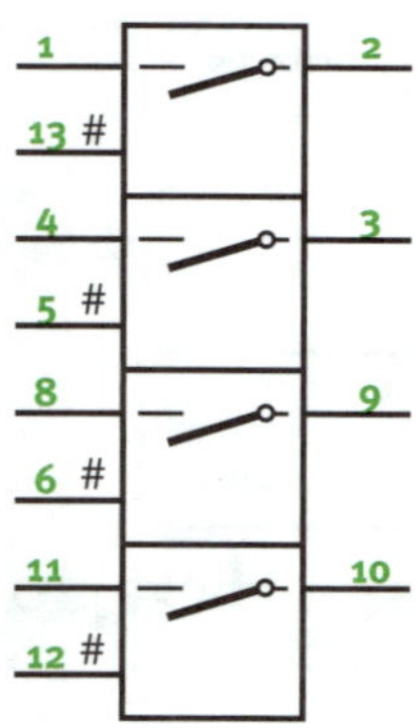


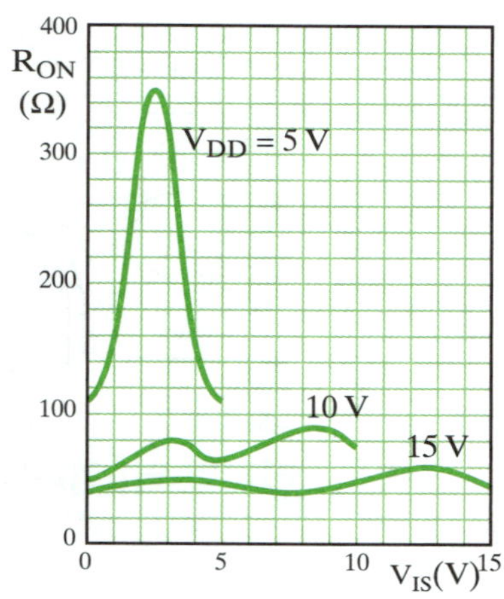


Contrairement au 4051, parce que le 4066 ne comporte que deux broches d'alimentations (VDD et VSS), il ne peut accepter de tensions analogiques inférieures à VSS.

# CARACTÉRISTIQUES DES FAMILLES D'OPÉRATEURS

## I. Fonction de transfert d'un opérateur

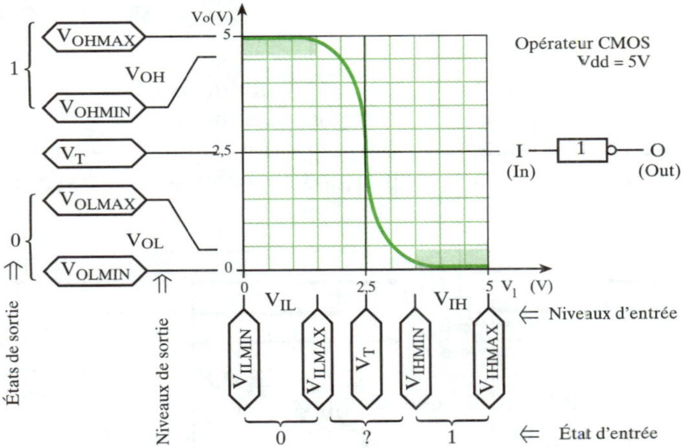


➢ La courbe bleue est la fonction de transfert typique de l'opérateur (tracé de la tension de sortie en fonction de celle d'entrée).

➢ Les documentations constructeurs garantissent qu'une tension comprise :

- dans la plage de tension d'entrée $V_{IL}$ est vue comme un état logique 0,
- dans la plage de tension d'entrée $V_{IH}$ est vue comme un état logique 1.

➢ Les documentations constructeurs indiquent que pour les états de sortie 0 ou 1, les niveaux de sorties seront compris dans les plages garanties $V_{OL}$ et $V_{OH}$.

| SYMBOL | PARAMETER | $T_{amb}$ (°C) 74HC +25 min. | typ. | max. | −40 to +85 min. | max. | −40 to +125 min. | max. | UNIT | TEST CONDITIONS $V_{CC}$ (V) | $V_I$ | OTHER |
|---|---|---|---|---|---|---|---|---|---|---|---|---|
| $V_{IH}$ | HIGH level input voltage | 1.5<br>3.15<br>4.2 | 1.2<br>2.4<br>3.2 | | 1.5<br>3.15<br>4.2 | | 1.5<br>3.15<br>4.2 | | V | 2.0<br>4.5<br>6.0 | | |
| $V_{IL}$ | LOW level input voltage | | 0.8<br>2.1<br>2.8 | 0.5<br>1.35<br>1.8 | | 0.5<br>1.35<br>1.8 | | 0.5<br>1.35<br>1.8 | V | 2.0<br>4.5<br>6.0 | | |
| $V_{OH}$ | HIGH level output voltage all outputs | 1.9<br>4.4<br>5.9 | 2.0<br>4.5<br>6.0 | | 1.9<br>4.4<br>5.9 | | 1.9<br>4.4<br>5.9 | | V | 2.0<br>4.5<br>6.0 | $V_{IH}$ or $V_{IL}$ | $-I_O$ = 20 µA<br>$-I_O$ = 20 µA<br>$-I_O$ = 20 µA |
| $V_{OL}$ | LOW level output voltage all outputs | | 0<br>0<br>0 | 0.1<br>0.1<br>0.1 | | 0.1<br>0.1<br>0.1 | | 0.1<br>0.1<br>0.1 | V | 2.0<br>4.5<br>6.0 | $V_{IH}$ or $V_{IL}$ | $I_O$ = 20 µA<br>$I_O$ = 20 µA<br>$I_O$ = 20 µA |

## II. Marge de bruit

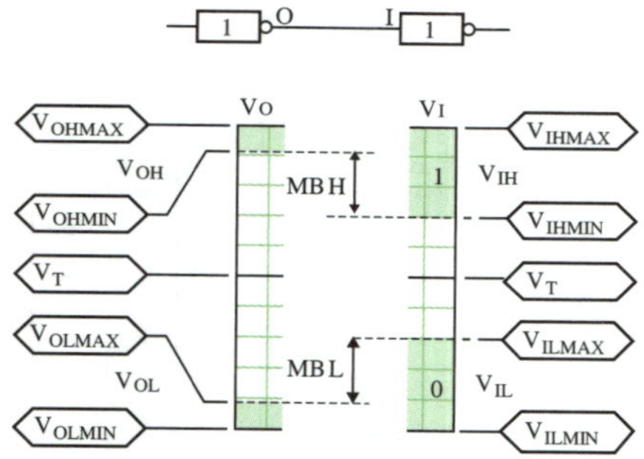


Elle concerne la connexion entre deux opérateurs.

MBL est la marge de bruit au niveau bas. MBH est la marge de bruit au niveau haut. Plus ces paramètres sont importants et plus la famille est tolérante aux perturbations électriques.

## III. Entrée à double seuil (trigger)

La fonction de transfert de cet opérateur montre un fonctionnement analogue à celui d'un comparateur à deux seuils. Suivant le sens de variation de la tension, le changement d'état ne se produit pas aux mêmes niveaux de tensions.

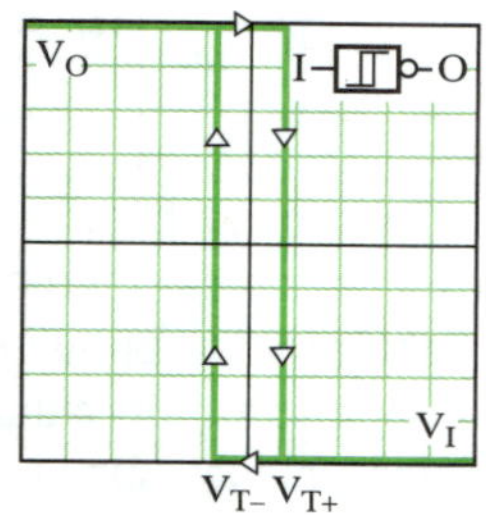


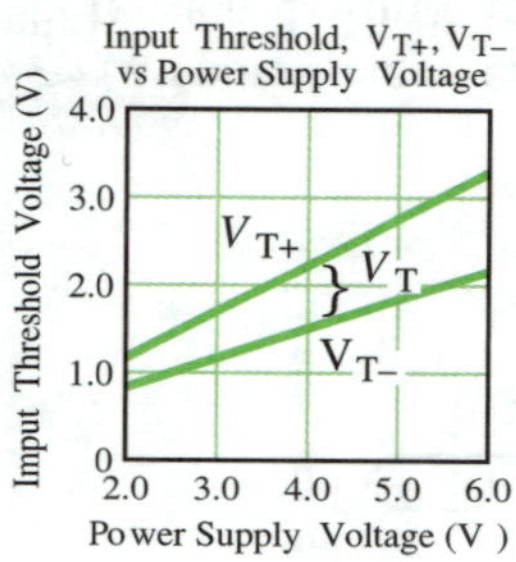


Les seuils de basculement sont appelés $V_{T+}$ et $V_{T-}$

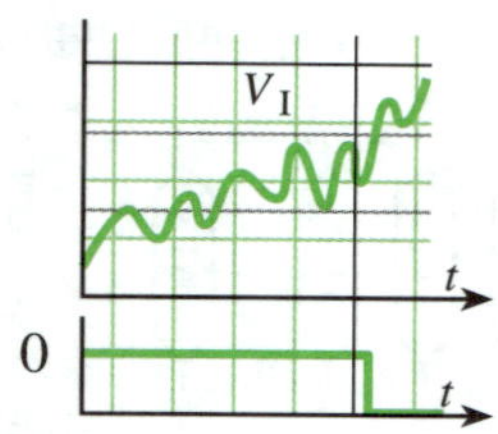


Le signal $V_I$ contient du bruit. Après l'entrée double seuil le bruit est éliminé.

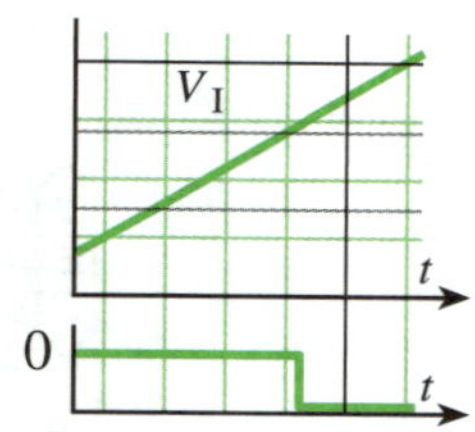


Le signal $V_I$ a des fronts lents. Après l'entrée double seuil, les fronts sont toujours raides.

## IV. Sortie trois états

Elle se distingue par le symbole ▽. Lorsqu'elle est validée cette sortie présente l'état interne de l'opérateur. Si elle ne l'est pas elle est en état de haute impédance (ou circuit ouvert).

Ce type d'accès est nécessaire lorsque plusieurs sorties doivent être reliées ensemble. C'est le cas du bus de données d'un système microprogrammé.

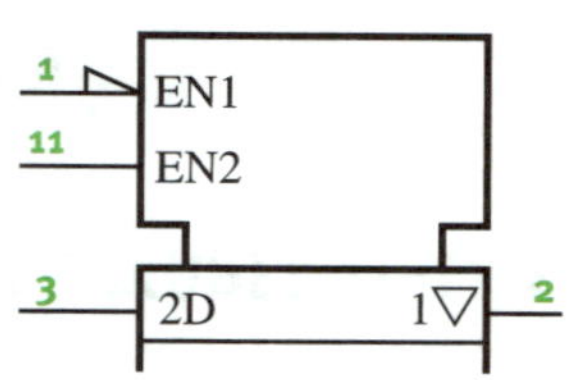

Dans cette situation, les sorties d'un seul composant sont validées à un instant donné.

## V. Sortie à collecteur ouvert

Elle se distingue par le symbole ◇ (souligné). Le modèle de sortie est celui du collecteur d'un transistor en régime de commutation dont l'émetteur est relié à la masse.

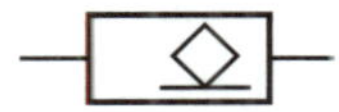

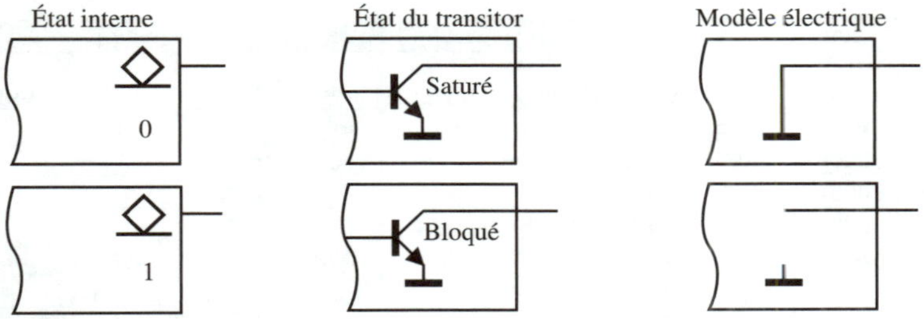


Ce type d'opérateur permet de commander une charge alimentée sous une tension différente de celle de l'opérateur. Il est possible de relier ensemble plusieurs sorties de ce type à un même résitor dit de tirage, la fonction réalisée est alors appelée ET câblé.

## VI. Sortance et entrance (FanOut et FanIn)

La sortance définit le nombre d'entrées standard qu'est capable de commander la sortie de l'opérateur.
L'entrance d'une entrée d'opérateur est le nombre d'entrées standard qu'elle représente.

## VII. Temps de propagations

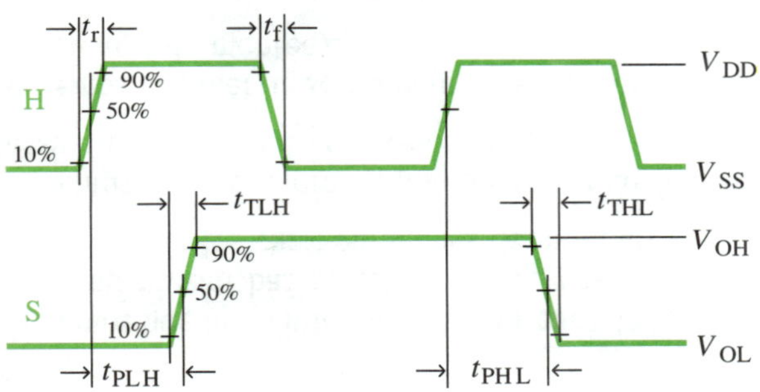

Ce chronogramme est généralement employé par les constructeurs pour qualifier un opérateur.

$t_{PLH}$ : c'est le temps que met l'information pour aller de l'entrée à la sortie lorsque la *sortie* passe du niveau bas au niveau haut. Les temps de propagation sont déterminés à 50 % sur les chronogrammes de montées et de descentes.

$t_{PHL}$ : c'est le temps que met l'information pour aller de l'entrée à la sortie lorsque la *sortie* passe du niveau haut au niveau bas.

$t_{TLH}$ : c'est le temps que met la *sortie* pour passer du niveau bas à 10 % au niveau haut à 90 % (temps de montée).

$t_{THL}$ : c'est le temps que met la *sortie* pour passer du niveau haut à 90 % au niveau bas à 10 % (temps de descente).

$t_r$ $t_f$ : ce sont les temps de montée et de descente que doit respecter le signal d'entrée.

## VIII. Familles d'opérateurs

| Famille | CMOS | 74STD | 74LS | 74HC | 74HCT | 74AHC | 74AS | 74ALS | 74LV Vcc=3v |
|---|---|---|---|---|---|---|---|---|---|
| Alimentation | 3…15v | 5v ± 5% | 5v ± 5% | 2…6v | 5v±10% | 2…6v | 5v±10% | 5v±10% | 1…3,6v |
| $V_{IHMIN}$ | 3,5V [1] | 2V | 2V | 3,5V | 2V | 3,3V | 2V | 2V | 2V |
| $V_{ILMAX}$ | 1,5V [1] | 0,8V | 0,8V | 1V | 0,8V | 1,65V | 0,8V | 0,8V | 0,8V |
| $V_{OHMIN}$ | 4,95V [1] | 2,4V | 2,7V | 4,9V | 3,7V | 4,4V | 2,7V | 2,7V | 3,1V |
| $V_{OLMAX}$ | 0,05V [1] | 0,4V | 0,4V | 0,1V | 0,33V | 0,44V | 0,4V | 0,4V | 0,2V |
| $I_{IHMAX}$ | 1µA | 40µA | 20µA | 1µA | 1µA | 1µA | 200µA | 20µA | 1µA |
| $I_{ILMAX}$ | –1µA | –1,6mA | –400µA | –1µA | 1µA | –1µA | –2mA | –100µA | –1µA |
| $I_{OHMAX}$ | –360µA | –400µA | –400µA | –4mA | –4mA | –8mA | –2mA | –400µA | –6mA |
| $I_{OLMAX}$ | 360µA | 4mA | 8mA | 16mA | 4mA | 20mA | 4mA | 8mA | 8mA |
| Dissipation / 100kHz | 0,1mW | 10mW | 2mW | 0,17mW | 0,17mW | 0,06mW | 8,5mW | 1mW | |
| $T_{PHL}$ $T_{PLH}$ [2] | 105ns | 10ns | 10ns | 8ns | 8ns | 3,7ns | 1,5ns | 4ns | 15ns |

Condition d'alimentation : 5 V sauf pour la 74LV : 3,3 V

[1] $V_{IHMIN}=0,7xV_{dd}$ $V_{ILMAX}=0,3xV_{dd}$ $V_{OHMIN}=V_{dd}-0,05v$ $V_{OLMAX}=0,05v$

[2] Les temps de propagation sont donnés à titre indicatif, ils dépendent de la fonction réalisée (opérateur combinatoire de base, complexe, bascule, compteur…).

Propriétés les plus caractéristiques

FICHE 44

# NORME DE REPRÉSENTATION DES CIRCUITS ÉLECTRIQUES

Cette fiche donne quelques définitions parmi les plus utilisées issues de la norme de représentation des circuits électriques NFC03-212.

➢ Cadre opérateur : c'est la forme de base, de toute représentation. Sauf indication contraire, les entrées sont placées à gauche, les sorties à droite du cadre. Si un composant comporte plusieurs opérateurs identiques, un seul opérateur contient les informations relatives à ce cadre.

➢ Cadre des communs d'entrée : un composant peut comporter plusieurs fois le même opérateur. Certaines entrées peuvent dans ce cas avoir un effet sur tous les opérateurs à la fois. On sait qu'une entrée provoque un effet commun si elle vient sur le cadre des communs d'entrée.

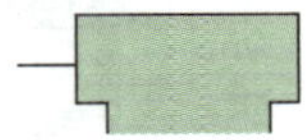

➢ Cadre des communs de sortie. Dans le cas où un composant comporte plusieurs opérateurs identiques, il se peut qu'une sortie particulière doive être dépendante de l'état commun de tous les opérateurs. On reconnaît cela lorsque cette sortie provient du cadre des communs de sortie.

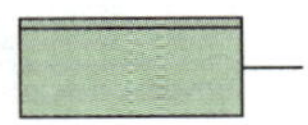

➢ Entrée active sur *état 1*. Lorsque l'*état 1* (ou le niveau H en logique positive) est appliqué à cette entrée, l'état interne vu est 1.

➢ Entrée active sur *état 0*. Lorsque l'*état 0* est appliqué à cette entrée, l'état interne vu est 1.

➢ Entrée active sur niveau bas. Lorsque un *niveau bas* est appliqué à cette entrée, l'état interne vu en entrée est 1. Cette représentation est équivalente à " entrée active sur état 0 " en logique positive, ce qui représente la quasi-totalité des applications. Les documentations constructeurs utilisent nécessairement cette représentation.

➢ Entrée active sur front montant. L'état interne est 1 au moment du front montant, c'est-à-dire du changement d'état 0 ⇒ 1 (ou L ⇒ H en logique positive)

➢ Entrée active sur front descendant. L'état interne est 1 au moment du front descendant, c'est-à-dire du changement d'état 1 ⇒ 0 (H ⇒ L en logique positive).

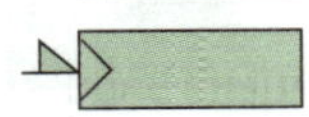

- Accès influençant. Lorsqu'une entrée est *suivie* d'un numéro, il s'agit d'une variable interne *influençant* un autre accès.

- Accès influencé. Si un accès (entrée ou sortie) est précédé par un numéro de variable interne c'est qu'il est *influencé* par cette variable.

- Entrée de mise à 0. L'état 0 est mémorisé.

- Entrée de mise à 1. L'état 1 est mémorisé.

- Entrée de commande C. Elle est nécessaire à la création de certains opérateurs (Bascules...).

- Entrée de données de bascule D.

- Entrées de bascule JK.

- Entrée d'incrémentation (augmente le contenu de 1).

- Entrée de décrémentation (diminue le contenu de 1).

- Entrée de commande de décalage.

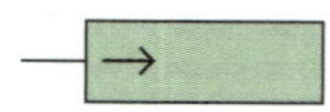


- Entrée de sélection de mode.

- Entrée de validation.

- Entrée à dépendance en ET.

- Sortie active état 1.

- Sortie active état 0.

- Sortie active niveau bas.

# PARTIE IV

# Fonctions logiques séquentielles

# PARTIE IV
# FONCTIONS LOGIQUES SÉQUENTIELLES

# BASCULES DE BASE

Les opérateurs bascules sont des éléments capables de mémoriser et maintenir un état logique.

## I. Bascule RS

Elle comporte deux entrées dont l'une (R) impose la mise à zéro et l'autre (S) la mise à 1. Lorsque R et S sont inactives, le contenu est maintenu.

| R | S | $Q_n$ | Fonction |
|---|---|---|---|
| 0 | 0 | $Q_{n-1}$ | Maintien |
| 0 | 1 | 1 | Mise à 1 |
| 1 | 0 | 0 | Mise à 0 |
| 1 | 1 | X | Indéterminé |

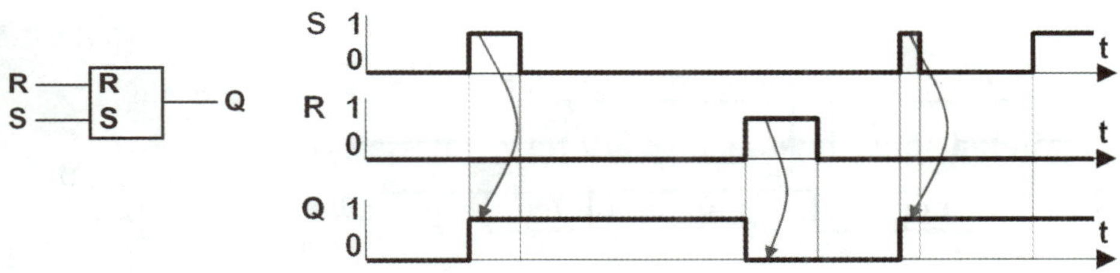


## II. Bascule D

Lorsque l'entrée de commande (C) reçoit un front montant, la donnée présente à cet instant en D est mémorisée et maintenue.

| D | C | $Q_n$ | Fonction |
|---|---|---|---|
| X | $\not\uparrow$ | $Q_{n-1}$ | Maintien |
| 0 | ↑ | 0 | Mémorisation 0 |
| 1 | ↑ | 1 | Mémorisation 1 |

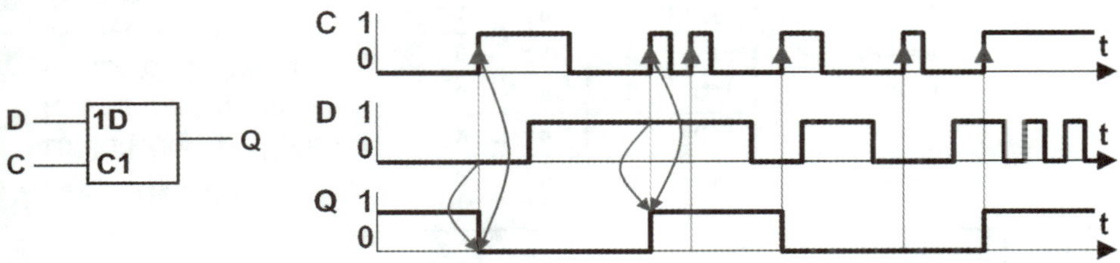


## III. Bascule D Verrou

Lorsque l'entrée de commande (C) est à 1, l'opérateur prend l'état de D. Dès que C vient à 0, la dernière valeur est maintenue.

| D | C | $Q_n$ | Fonction |
|---|---|---|---|
| X | 0 | $Q_{n-1}$ | Maintien |
| 0 | 1 | 0 | Mise à 0 |
| 1 | 1 | 1 | Mise à 1 |

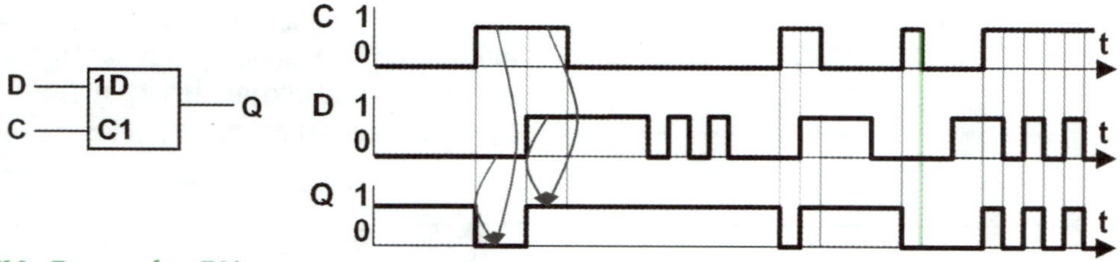


## IV. Bascule JK

La fonction réalisée lors du front de commande de la bascule JK dépend de l'état des entrées J et K.

| J | K | C | $Q_n$ | Fonction |
|---|---|---|---|---|
| X | X | ‡ | $Q_{n-1}$ | Maintien |
| 0 | 0 | ↑ | $Q_{n-1}$ | Maintien |
| 0 | 1 | ↑ | 0 | Mise à 0 |
| 1 | 0 | ↑ | 1 | Mise à 1 |
| 1 | 1 | ↑ | $\overline{Q}_{n-1}$ | Changement d'état |

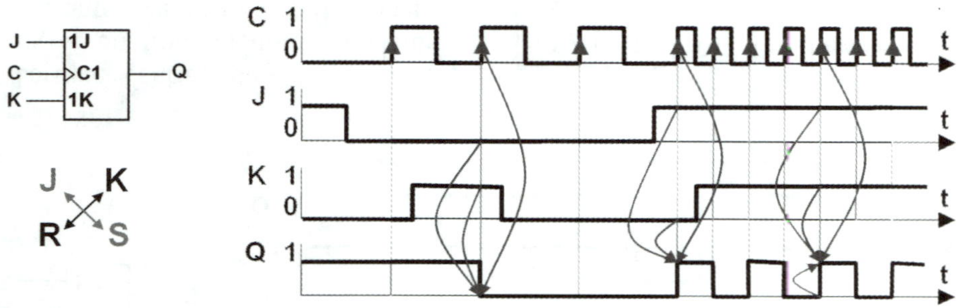


## V. Bascule T

Cet opérateur change d'état sur chaque front montant de l'entrée T. Un tel opérateur n'existe pas en tant qu'opérateur intégré mais peut être facilement réalisé à partir de bascules D ou JK.

| T | $Q_n$ | Fonction |
|---|---|---|
| ‡ | $Q_{n-1}$ | Maintien |
| ↑ | $\overline{Q}_{n-1}$ | Changement d'état |

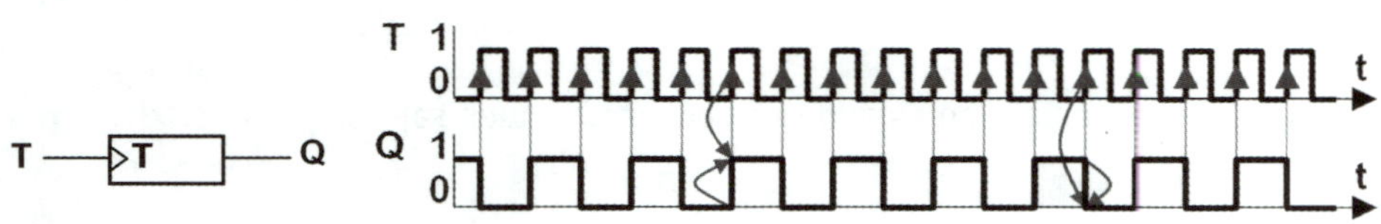


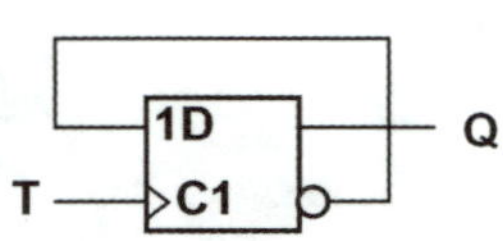


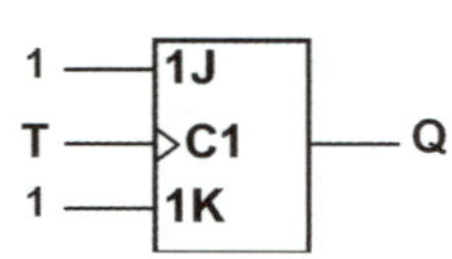

## I. Mode comptage

Un compteur est signalé par la désignation CTR dans le cadre opérateur. Le terme DIV indique le modulo du compteur. Un compteur modulo N compte de 0 à N – 1 avant de revenir à zéro.
En mode comptage un événement sur l'entrée + augmente de 1 modulo N le contenu du compteur.

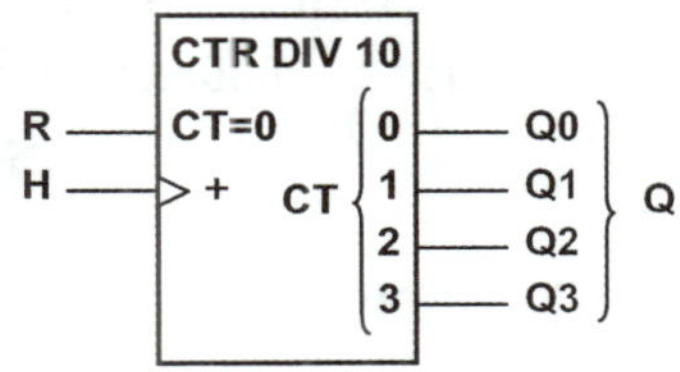


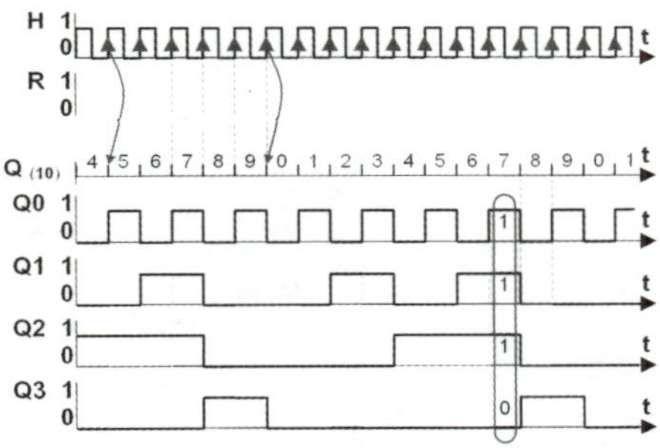


Méthode pour la construction du chronogramme.

- ➢ Identifier le nombre initial, soit sur l'axe Q soit à partir des états de sorties,
- ➢ Identifier les événements de comptage,
- ➢ Identifier les zones compatibles avec le comptage,
- ➢ Compter modulo N à partir de la valeur initiale sur l'axe Q,
- ➢ Compléter le tracé de chronogramme des sorties Q.

## II. Mode mise à zéro (RAZ)

Lorsque l'entrée de mise à zéro est activée (repérée CT = 0 ou R) le compteur prend la valeur 0.
Méthode pour la construction du chronogramme.

- ➢ Identifier l'entrée et l'événement de mise à zéro (entrée, état...).
- ➢ Écrire la valeur 0 en Q tant que l'événement de mise à 0 est vrai.
- ➢ Lorsque la commande de mise à zéro disparaît, la valeur 0 est maintenue jusqu'à ce qu'un événement de comptage ou préchargement... survienne.

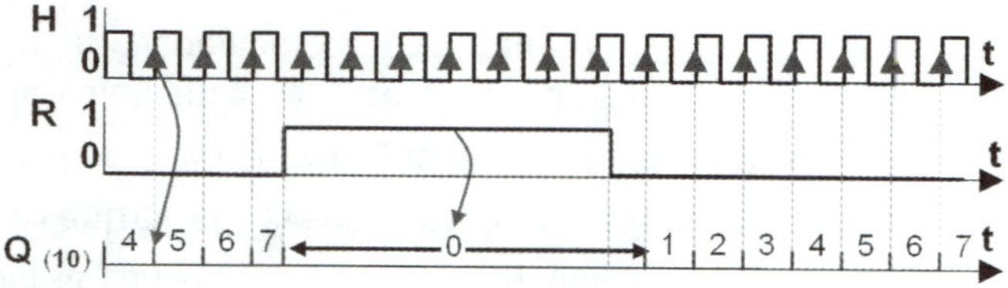


## III. Mode chargement (ou préchargement)

Certains compteurs disposent d'entrées de données pour le chargement d'un contenu et d'une entrée pour sa commande.

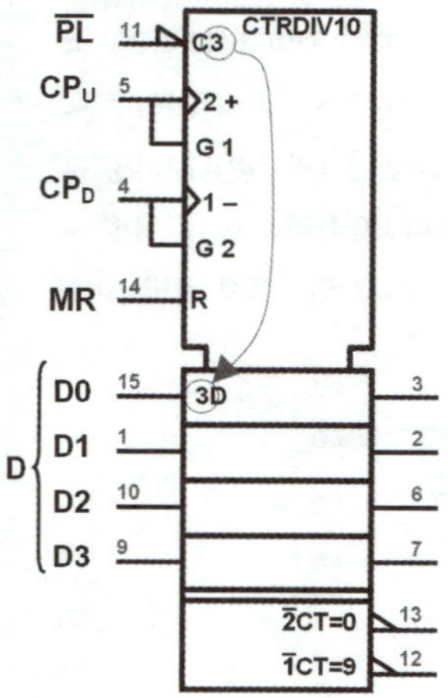


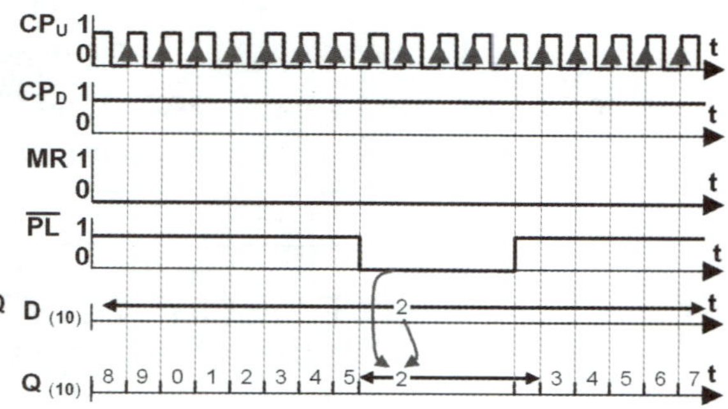


Méthode pour la construction du chronogramme.

- ➢ Identifier l'entrée et l'événement de chargement, (ici un niveau bas sur $\overline{PL}$).
- ➢ Identifier la valeur disponible en D (donnée).
- ➢ Écrire la valeur D en Q tant que l'événement de chargement est vrai.
- ➢ Lorsque la commande de chargement disparaît, la valeur est maintenue jusqu'à ce qu'un événement de comptage ou mise à zéro… survienne.

## IV. Mode décomptage

L'entrée de décomptage est repérée – dans la représentation de l'opérateur. Le décomptage s'effectue en enlevant 1 au contenu de l'opérateur. Le modulo ne change pas, les nombres du décomptage sont ceux du comptage (après 0 vient N – 1).
La méthode pour le tracé des chronogrammes est analogue à celle du comptage.

## I. Particularité

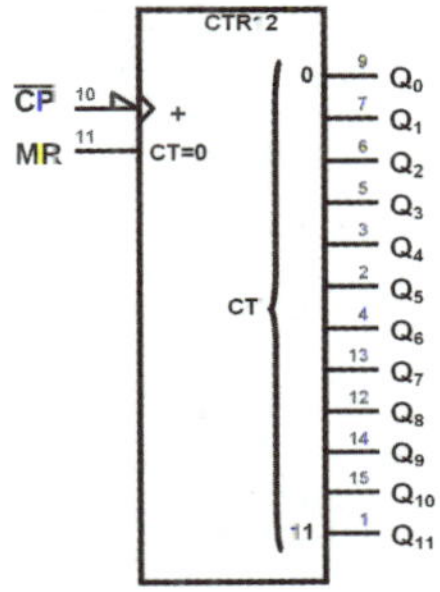


Un compteur binaire se reconnaît à la mention CTR N. au lieu de CTR DIVx. N est le nombre de cellules de comptage de l'opérateur, donc le nombre de chiffres binaires de n. Le modulo se déduit du nombre de chiffres de n et vaut $2^n$. Dans l'exemple ci-contre le modulo est $2^{12} = 4096$.

## II. Tracé du chronogramme en comptage

Il peut se construire comme celui d'un compteur quelconque après avoir évalué son modulo. Cependant une autre méthode existe, applicable *uniquement* aux compteurs binaires.

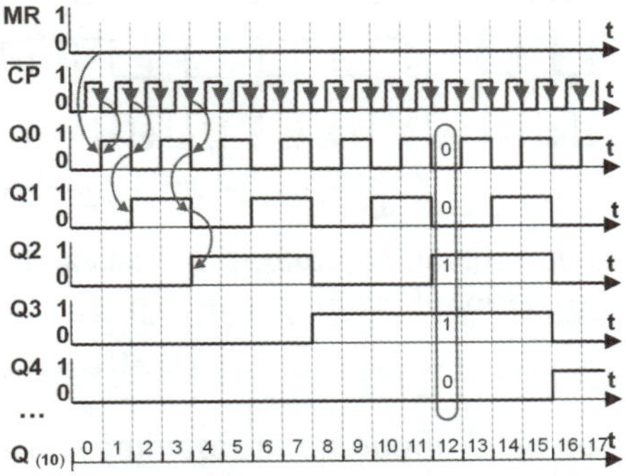


**Méthode pour le tracé du chronogramme d'un compteur binaire**

➢ Après avoir répondu à la question : « l'entrée de comptage est-elle active sur front montant ou descendant ? », construire le chronogramme de la première sortie (ici $Q_0$), celle-ci change d'état sur chacun des fronts actifs du signal d'entrée.

➢ Construire le chronogramme de la deuxième sortie (ici $Q_1$) en se souvenant que celle-ci change d'état à chaque fois que la première sortie (ici $Q_0$) produit un front *descendant*.

➢ Construire le chronogramme de chaque sortie de la même façon, une sortie change d'état lorsque la *précédente* a produit un front *descendant*.

➢ Éventuellement, compléter le chronogramme de Q (nombre binaire).

## III. Tracé du chronogramme en décomptage

**Méthode**

➢ Après avoir répondu à la question : « l'entrée de comptage est-elle active sur front montant ou descendant ? », construire le chronogramme de la première sortie, celle-ci change d'état sur chacun des fronts actifs du signal d'entrée.

➢ Construire le chronogramme de la deuxième sortie en se souvenant que celle-ci change d'état à chaque fois que la première sortie produit un front *montant*.

➢ Construire le chronogramme de chaque sortie de la même façon, une sortie change d'état lorsque la précédente a produit un front *montant*.

➢ Éventuellement, compléter le chronogramme de Q.

## IV. Relation fréquence

Dans le cas où le signal d'entrée d'un compteur est périodique il existe une relation entre les fréquences des différentes broches de sortie.

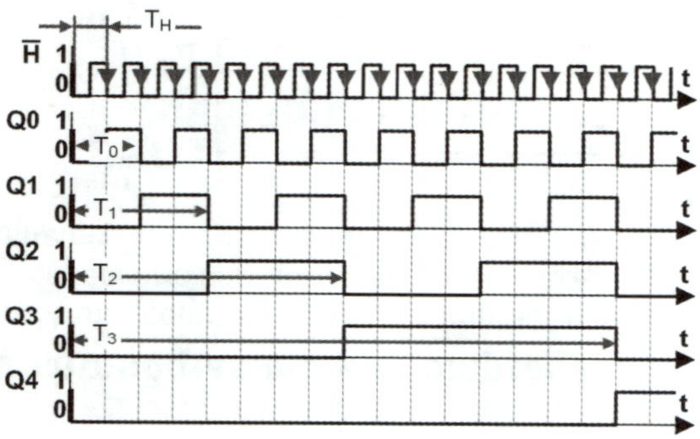


$T_0 = 2 \times T_H$ $\qquad f_0 = \frac{f_H}{2}$

$T_1 = 2 \times T_0 = 4 \times T_H$ $\qquad f_1 = \frac{f_0}{2} = \frac{f_H}{4}$

$T_2 = 2 \times T_1 = 4 \times T_0 = 8 \times T_H$ $\qquad f_2 = \frac{f_1}{2} = \frac{f_0}{4} = \frac{f_H}{8}$

$T_n = 2 \times T_{n-1} = 2^{n+1} \times T_H$ $\qquad f_n = \frac{f_{n-1}}{2} = \frac{f_H}{2^{n+1}}$

Le rapport cyclique des sorties vaut 0,5.

# CHOIX DU MODULO D'UN COMPTEUR

## I. Mise en œuvre d'un compteur à modulo fixe

Certains composants commerciaux disposent d'un comptage modulo 5 ou 10... Ils sont donc tout à fait appropriés pour le comptage avec ces modulo.
Les compteurs binaires quant à eux permettent d'obtenir facilement des compteurs dont le modulo est une puissance de deux, il suffira de prendre leurs sorties de poids faibles permettant d'atteindre le modulo souhaité en ignorant celles de poids fort (par exemple pour un compteur de modulo $64 = 2^6$, prendre les 6 sorties de poids faible du compteur binaire, ignorer les autres).

## II. Constitution à partir d'un compteur à modulo fixe

On peut, à partir de compteur à modulo fixe, fabriquer des fonctions dont le modulo peut être choisi à volonté par le câblage. Exemple :

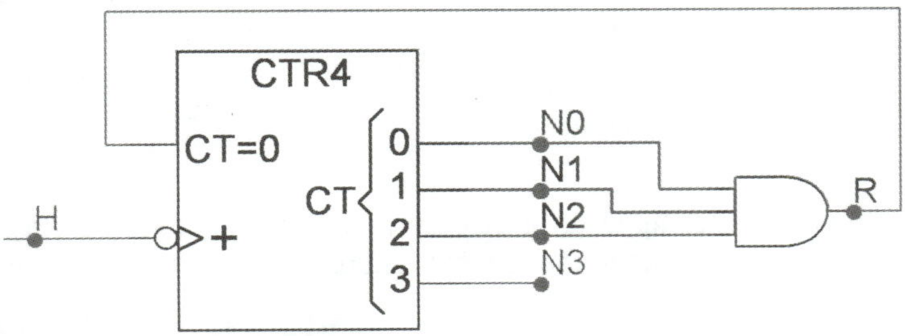


➢ Lorsque le contenu du compteur vaut 7, la sortie de l'opérateur ET prend l'état 1. Une remise à zéro est générée. La combinaison de sortie 7 est tout de suite transformée en 0.

➢ La succession de nombres du compteur est donc : 0, 1, 2, 3, 4, 5, 6, 0, 1, 2, 3, 4, 5, ...

➢ Le compteur ainsi obtenu est de modulo 7.

Une variante de cette solution consiste à charger le compteur avec une valeur donnée dès que le compteur atteint 0...

## III. Compteur Johnson

Ce type de compteur repose sur le principe du registre à décalage. Les chiffres du nombre disponible en sortie ne sont pas pondérés.

Le compteur CMOS 4018 est de ce type. Le constructeur indique le câblage à adopter en fonction du modulo désiré.

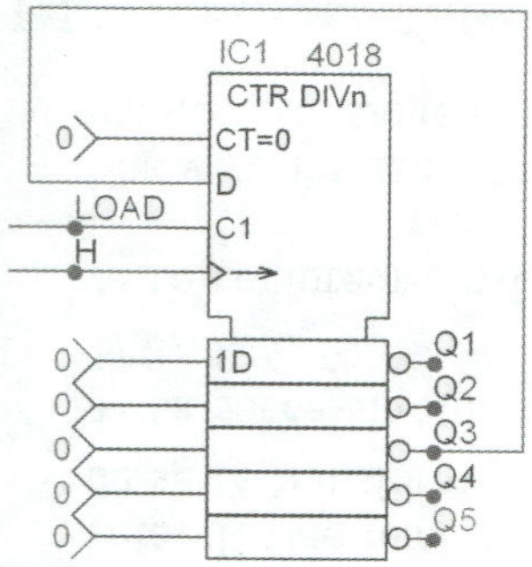


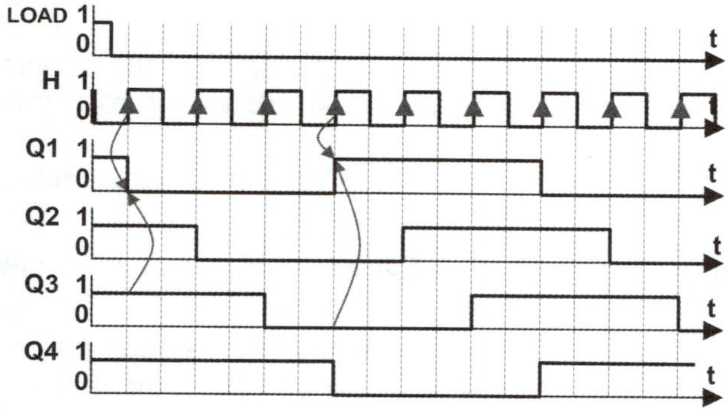


## IV. Association de compteurs

L'association en cascade de compteurs permet d'obtenir des modulo de forte valeur. Un compteur de modulo N associé à un compteur de modulo M a pour modulo N × M.

Sur cet exemple, la structure résultant de l'assemblage de ces deux compteurs modulo 10 est un compteur modulo 100.

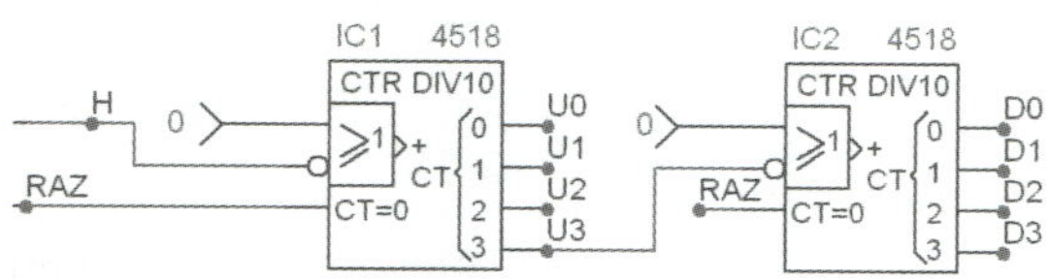


Sur cet exemple, la structure résultant de l'assemblage de ces deux compteurs modulo $2^{12}$ est un compteur modulo $2^{24}$.

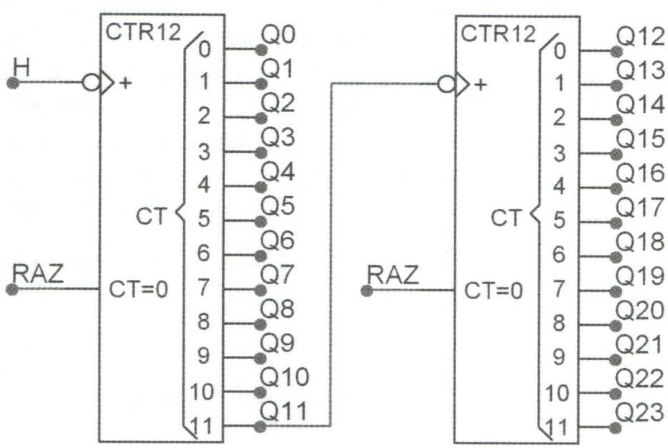

FICHE 49

# TYPES ET ASSOCIATIONS DE COMPTEURS SYNCHRONES OU NON

Tout compteur peut être qualifié de synchrone ou d'asynchrone. Il est important de savoir les distinguer.

## I. Chronogrammes

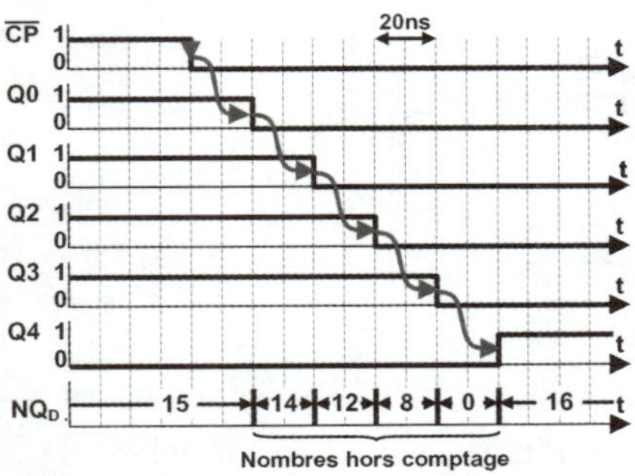


Chronogramme d'un compteur asynchrone

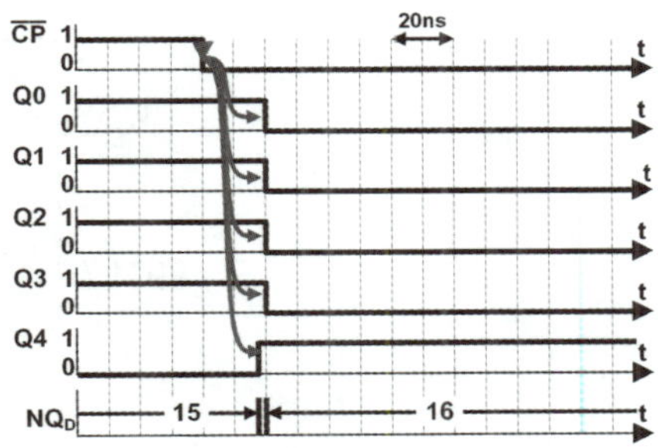


Chronogramme d'un compteur synchrone

L'échelle temporelle utilisée permet de voir les temps de propagation dans les opérateurs.
L'examen des chronogrammes montre que les compteurs asynchrones présentent des nombres indésirables dans la séquence de comptage à l'instant des transitions. C'est un défaut.

## II. Structure interne

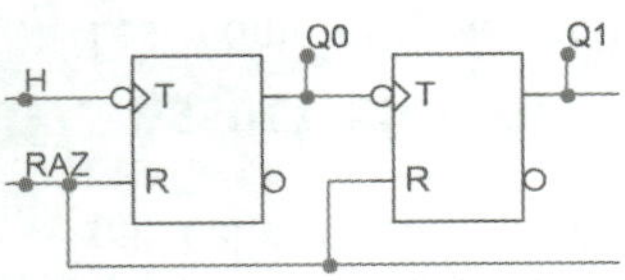


Structure d'un compteur asynchrone 2 bits

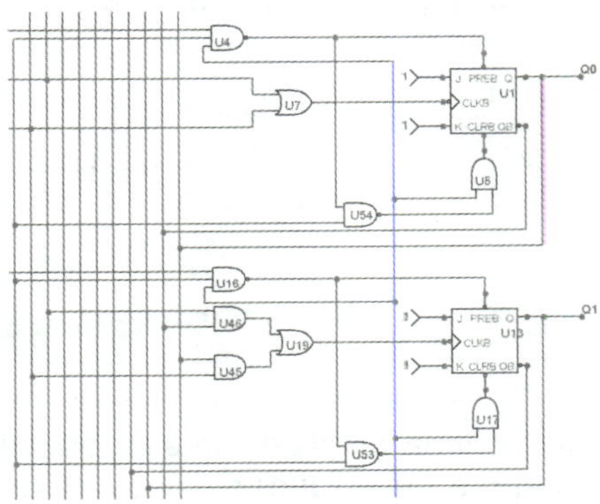


Structure d'un compteur synchrone 2 bits

Le compteur asynchrone est beaucoup plus simple que le compteur synchrone. C'est un avantage. Il existe des compteurs asynchrones intégrés à 12 bits alors qu'en technologie synchrone les compteurs courants sont limités à 4 bits.
Il peut être utile de retenir la structure de base du compteur asynchrone, mais pas celle du compteur synchrone.

## III. Association de compteurs asynchrones

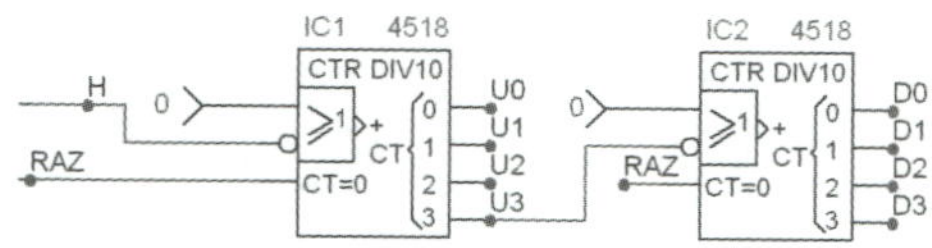


Les compteurs asynchrones peuvent être associés en *cascade* pour former un compteur de modulo plus important. Il suffit qu'un compteur soit *incrémenté par les fronts descendants de celui qui le précède* dans l'association. L'association de compteurs asynchrones est elle-même de nature asynchrone.

## IV. Association de compteurs synchrones

L'association de compteurs synchrones est généralement conçue pour être elle-même synchrone. *Le schéma montre alors obligatoirement une entrée d'incrémentation commune (H)*. Un compteur doit être *validé* par celui qui le précède dans l'association. Le premier compteur (de poids faible) est toujours validé.

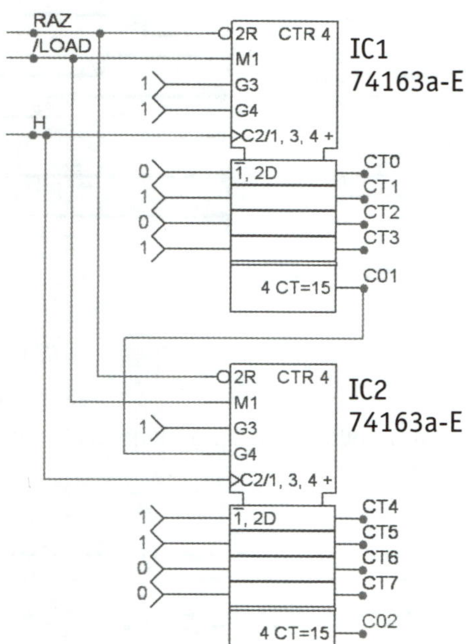

# REGISTRES À DÉCALAGE

## I. Principe

Il est constitué d'une file de cellules mémoires (bascules) dont les contenus passent de l'une à l'autre lors d'un événement front de *commande décalage*.
Un registre à décalage comporte toujours une entrée et une sortie série.

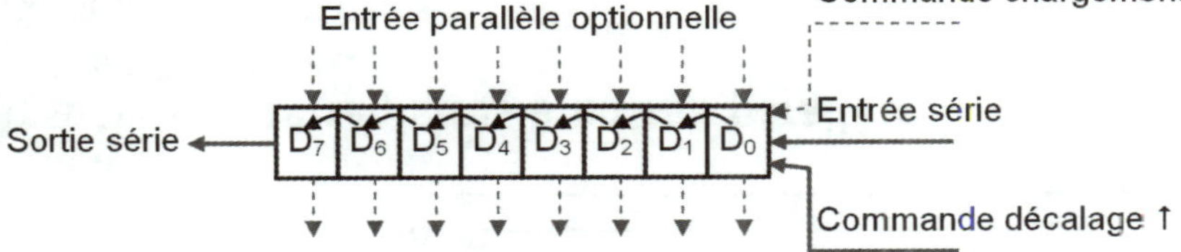


## II. Registre à décalage à entrée parallèle

Pour le registre de principe à entrée parallèle ci-dessous, après le chargement du mot parallèle d'entrée, le bit de poids fort de la donnée est disponible en sortie série. Ensuite, sur chaque front montant de l'entrée de commande de décalage, les données vont se retrouver successivement sur la sortie série.

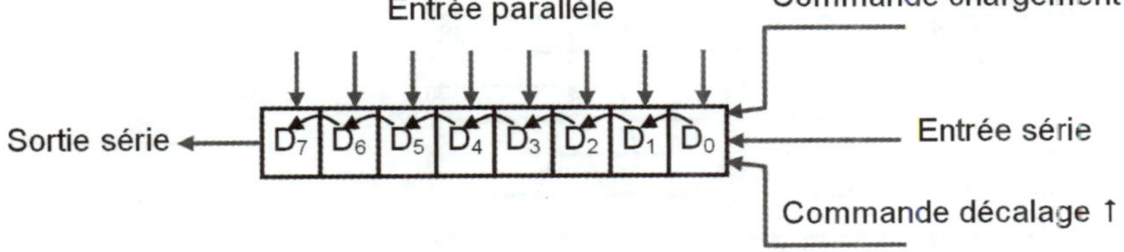


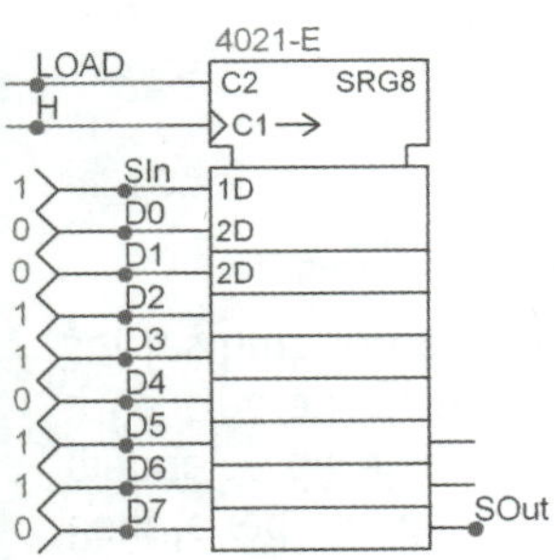


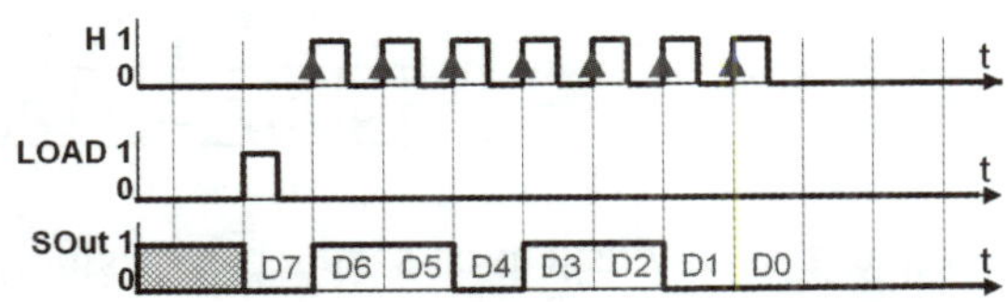

## III. Registre à décalage à sortie parallèle

Pour le registre de principe à sortie parallèle ci-dessous, au bout de 8 fronts commande de décalage, le registre contient les 8 états logiques qui étaient présents à l'entrée au moment des fronts. Les données sont disponibles simultanément sur les huit sorties parallèles.

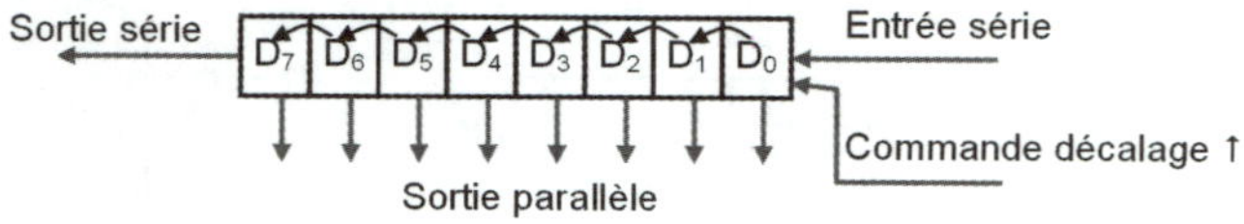


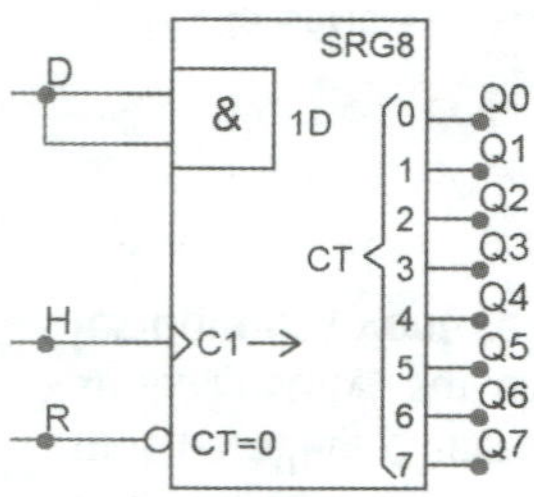


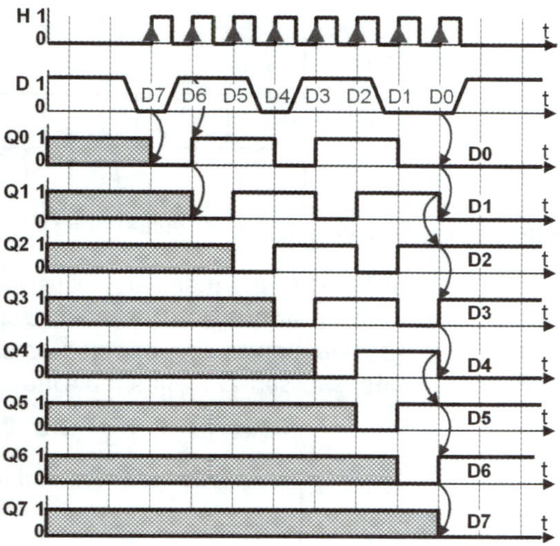


## IV. Association de registres à entrée parallèle et à sortie parallèle

Cette disposition est fréquemment utilisée pour la transmission d'informations à longue distance entre deux dispositifs. La donnée initiale du dispositif émetteur est parallèle, le transport d'information est série, la donnée parallèle est reconstituée par le récepteur.

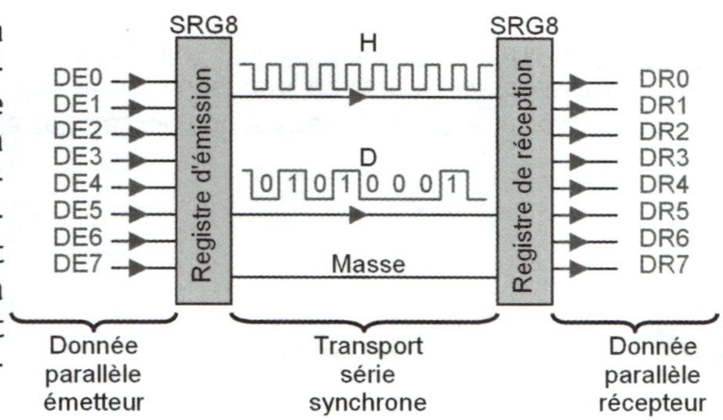

# FONCTIONS MONOSTABLES

## I. Principe

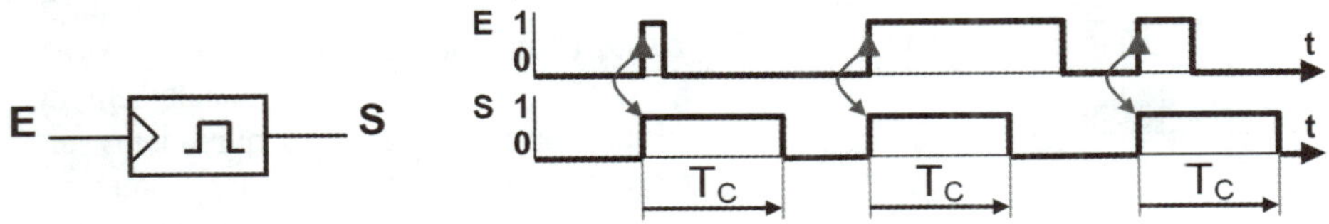


Le monostable est un opérateur dont l'état stable est l'état de repos. Il peut passer à l'état instable pour une durée déterminée par des éléments extérieurs, résistor et capacité en général.

## II. Type de déclenchement

On distingue les monostables redéclenchables et les non redéclenchables.

➢ Lorsqu'il est déjà déclenché un monostable redéclenchable répond à un ordre de déclenchement. Le monostable revient au repos au bout du temps $T_C$ après le dernier front reçu pendant la période de déclenchement.

➢ Lorsqu'il est déjà déclenché un monostable non redéclenchable ne répond pas à un ordre de déclenchement. Le monostable revient au repos au bout du temps $T_C$ après le premier front reçu pendant la période de déclenchement.

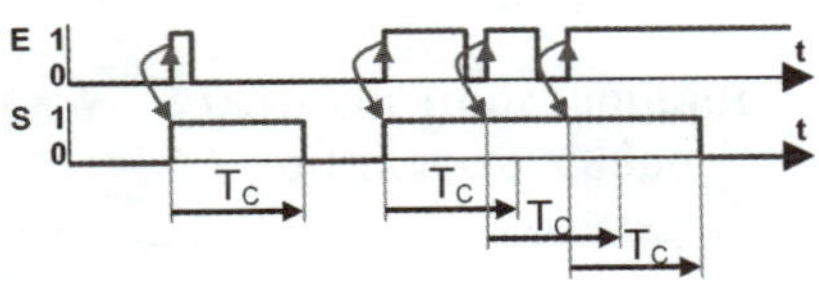


Monostable redéclenchable

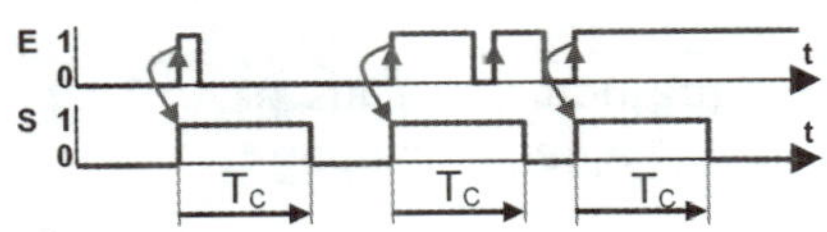


Monostable non redéclenchable

## III. Montage redéclenchable ou non

En général c'est le type de montage de l'opérateur qui fait que la structure est redéclenchable ou non.

Montages typiques pour le monostable CMOS 4528 / 4538

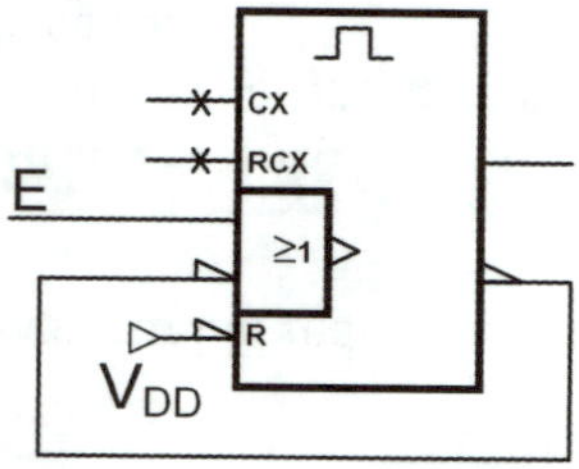


Non redéclenchable
Actif sur front montant

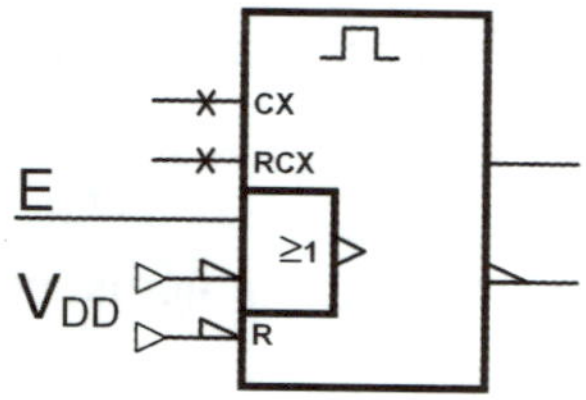


Redéclenchable
Actif sur front montant

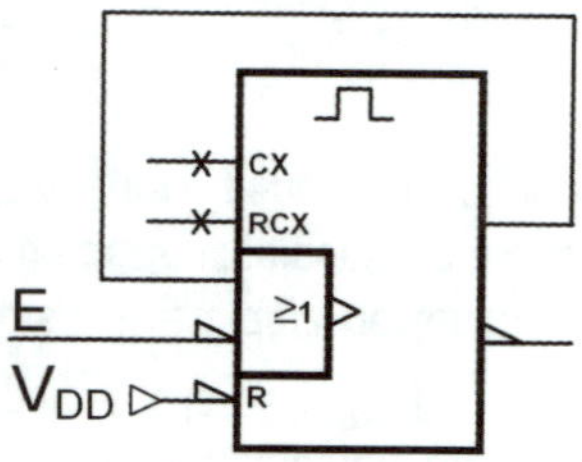


Non redéclenchable
Actif sur front descendant

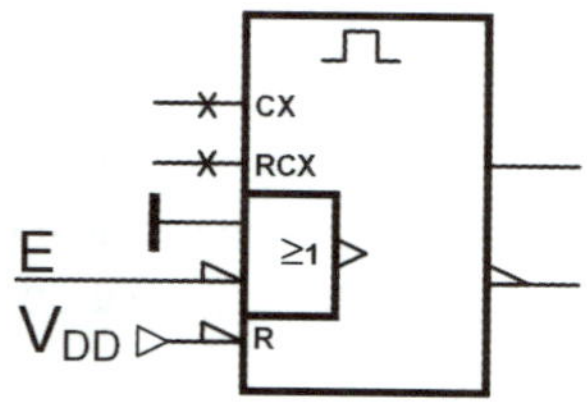


Redéclenchable
Actif sur front descendant

## IV. Détermination de la durée d'impulsion

Elle se fait en général (des exceptions existent) par le choix d'un couple de composants résistor et condensateur.

La durée d'impulsion est déduite de la valeur des composants soit par une relation soit par un diagramme.

Le coefficient k peut dépendre de la tension d'alimentation.

L'utilisation du diagramme est imposée en général pour les petites valeurs du condensateur.

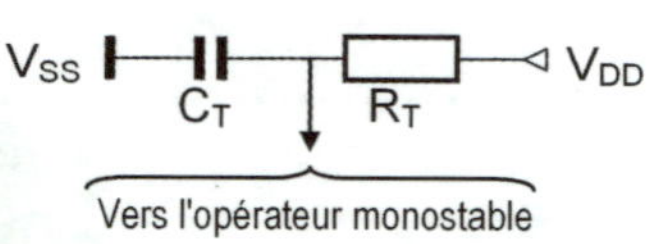


$T_C = k \times R_T \times C_T$

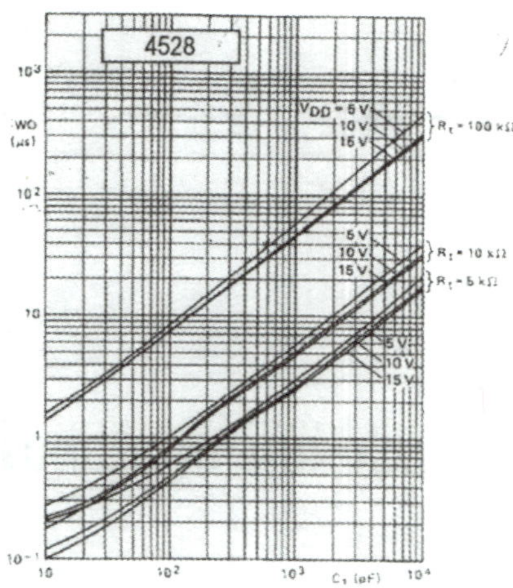

# FONCTIONS ASTABLES

## I. Principe

Cette fonction délivre une grandeur périodique. La période dépend des éléments constitutifs de la fonction. Peu de composants intégrés sont dédiés à cette fonction, elle est fréquemment réalisée à partir d'opérateurs combinatoires de base et d'éléments passifs, résistors / capacité ou quartz.

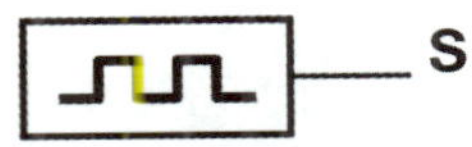


## II. Astables à opérateur CMOS NON, résistor et condensateur.

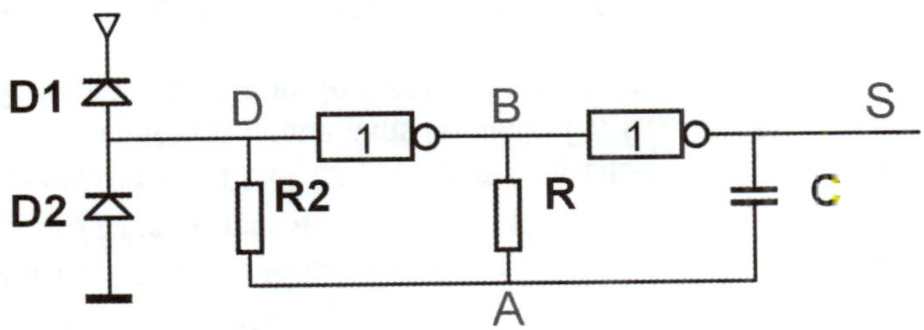


La période et la fréquence de cet astable sont données par les relations

$$T = 2,2 \times R \times C \qquad f = \frac{1}{2,2 \times R \times C}$$

**Fonction des éléments de cette structure**

➢ Le couple R, C et les deux opérateurs NON forment l'astable proprement dit.

➢ Le résistor R2, limite le courant dans cette branche car la tension au point A sort des limites de tension d'alimentation de l'opérateur. R2 devrait être de forte valeur devant R, si ce n'est pas le cas, la relation donnant la période du signal produit doit être révisée.

➢ Les diodes D1 et D2 évitent au point D de trop dépasser les tensions d'alimentation de l'opérateur ($-0,6 < V_D < V_{DD} + 0,6$). Elles peuvent être omises (non câblées) car ces diodes existent dans les entrées d'opérateurs de type CMOS.

## III. Astable Colpitts à opérateur CMOS NON et quartz

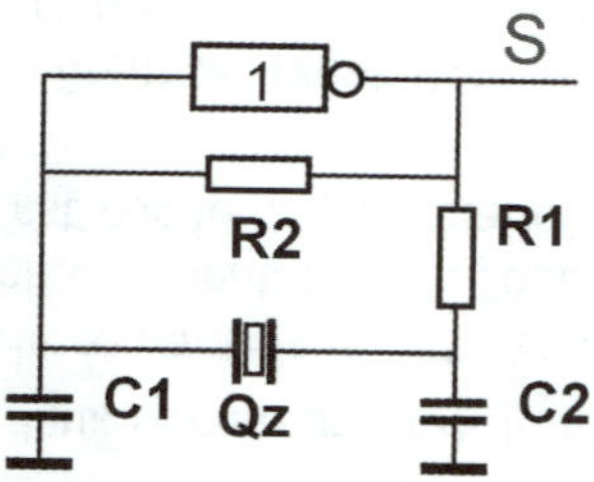


La fréquence de l'astable est celle de résonance du quartz.

**Fonction des éléments de cette structure**

➢ L'opérateur inverseur fonctionne dans un mode inhabituel. Il est placé dans une zone de fonctionnement en régime linéaire et sa tension moyenne d'entrée est égale à sa tension moyenne de sortie.

➢ Le résistor R2 doit être de forte valeur, il permet de faire fonctionner l'opérateur dans le mode linéaire.

➢ Le résistor R1 limite le courant d'excitation du quartz, donc les contraintes mécaniques et électriques auxquelles il est soumis.

➢ Les condensateurs C1 et C2 permettent l'oscillation du quartz par l'établissement d'un courant périodique dans la maille C1, Qz, C2. Le choix des valeurs de C1 et C2 est important pour le fonctionnement de l'astable.

## IV. Astable à opérateur CMOS Trigger, résistor et condensateur

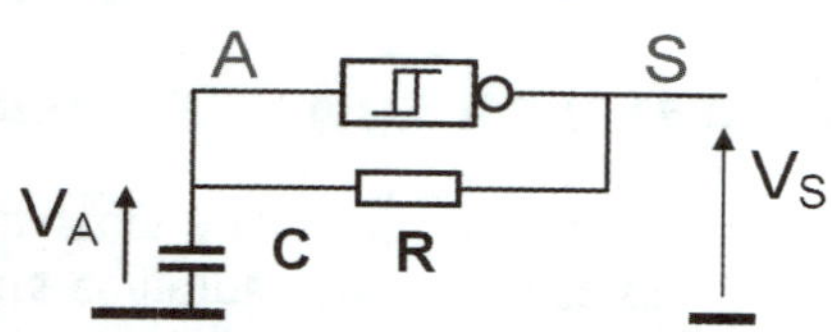


La période de cet astable est donnée par la relation :

$$T = -R \times C\left(\ln\frac{V_{T-}}{V_{T+}} + \ln\frac{V_{DD} - V_{T+}}{V_{DD} - V_{T-}}\right)$$

$V_{DD}$ est la tension d'alimentation, $V_{T+}$ et $V_{T-}$ sont les tensions de seuils de l'opérateur trigger. Elles doivent être recherchées dans la documentation constructeur et dépendent de la tension d'alimentation.
L'opérateur trigger peut être remplacé par une fonction analogique équivalente.

FICHE **53** TRANSMISSION ANALOGIQUE DE L'INFORMATION

## I. Principe de la transmission 4-20mA

La transmission analogique 4-20mA permet l'échange d'informations entre un capteur et un système de gestion. Les capteurs (pression, température, position, force...) transforment en général la grandeur à mesurer en grandeur électrique analogique. Un circuit électrique approprié placé au niveau du capteur transforme cette grandeur électrique en information courant normalisée 4-20mA.
La mise en œuvre d'un tel capteur se fait suivant le schéma :

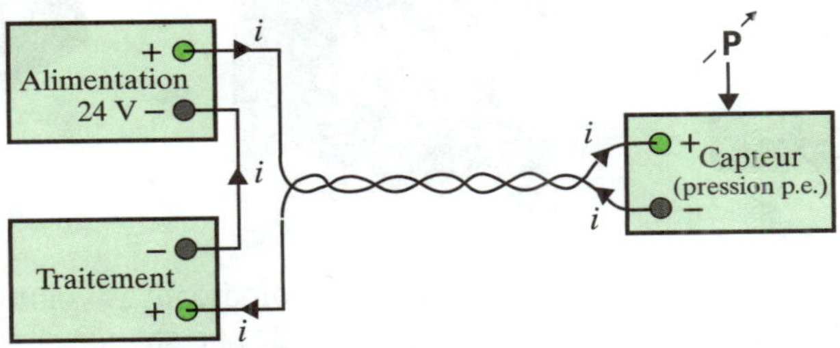


Cette disposition forme ce que l'on appelle une *boucle de courant*. Chacun des trois éléments est un dipôle parcouru par le même courant *i*.

**L'alimentation** continue est celle qui fournit de l'énergie à la boucle de courant. C'est une source de tension. Elle peut être incorporée à l'unité de traitement de l'information ce qui simplifie encore la mise en œuvre.

**Le capteur** contrôle le courant de la boucle, sa valeur constitue l'information et est comprise entre 4 et 20 mA. La fonction « grandeur physique à mesurer ⇒ courant » est linéaire :

➢ $i_{min}$ = 4 mA lorsque la grandeur physique à mesurer est à son minimum ;

➢ $i_{max}$ = 20 mA lorsque la grandeur physique à mesurer est à son maximum.

Le capteur n'a pas besoin en général d'autre alimentation que le courant qu'il contrôle.

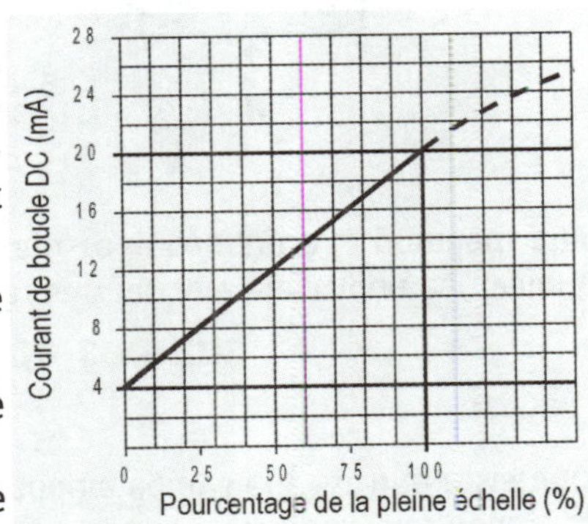

**L'unité de traitement** de l'information voit un courant variable. Elle déduit du courant la grandeur physique mesurée. Son modèle équivalent est une résistance (250 Ω par exemple).

## II. Schéma équivalent de la boucle de courant

Chaque élément de la chaîne est remplacé par son modèle électrique équivalent. L'alimentation fournit l'énergie et le capteur ajuste le courant à la grandeur physique.

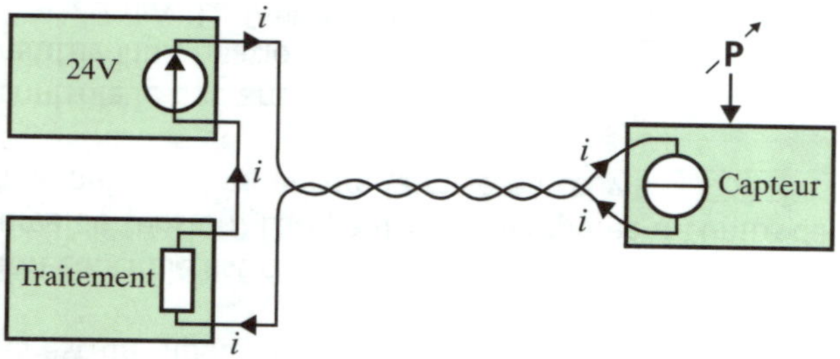


## III. Capteurs 4-20mA

Voici quelques exemples de capteurs à interface 4-20mA. Le circuit électronique de mise en forme est incorporé à ces capteurs.

Capteur de position SCAIME PT1MA

Capteur de courant CR MAGNETICS CR4320-xx

Capteur de pression HBM P15RVA

# TRANSMISSION D'INFORMATIONS NUMÉRIQUES PARALLÈLE

La transmission parallèle assure le transport de mots binaires entre deux équipements électroniques. Les équipements à relier comportent autant de fils de données que de bits à transmettre, un ou plusieurs fils de contrôle cadencent la transmission. Les bits sont transmis simultanément.

## I. Exemples de liaisons parallèles

➢ Liaison *Centronics* entre un ordinateur et une imprimante.

➢ BUS d'instrumentation *HPIB* IEEE 488. Il est réservé à la communication entre un ordinateur et des instruments de mesure. Ce bus est bidirectionnel.

➢ BUS SCSI entre un ordinateur et certains de ses périphériques. Ce bus est bidirectionnel.

## II. Avantages et inconvénients de la liaison parallèle

**Avantage** : le transport d'information est rapide puisque plusieurs bits sont transmis simultanément.

**Inconvénient** : une liaison parallèle nécessite au moins une dizaine de fils. À cause de cela, cette forme de transmission de l'information n'est utilisée qu'à courte distance (quelques mètres).

## III. Câblage simplifié d'une liaison Centronics (PC ⇒ Imprimante)

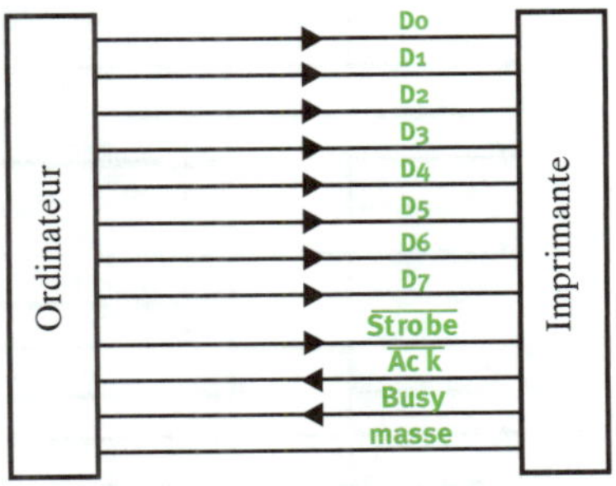


Elle comporte les connexions :

➢ ***Huit fils*** pour le transport de la donnée, dans notre exemple nous supposons que les données ne circulent que dans le sens ordinateur vers imprimante.

➢ ***Strobe*** (validation) : Lorsque l'ordinateur fait passer à 0 la ligne strobe, l'imprimante est informée qu'une nouvelle donnée est disponible sur les fils D0...D7.

➢ ***Ack*** (acknowledge ≡ reconnaître) :
L'imprimante positionne cette ligne à 0 lorsqu'elle a lu les données D0...D7.
L'ordinateur est ainsi averti qu'il peut envoyer une nouvelle donnée.

➢ ***Busy*** (occupé ) : L'imprimante fait passer cette ligne à 1 lorsqu'elle ne peut plus recevoir de données (par exemple lorsque sa mémoire est pleine ou qu'elle est mise hors fonction par l'utilisateur).

## IV. Chronogramme exemple

Les données 4D, 88, DC, 4D, AF, 63 et 3E sont transmises à l'imprimante.

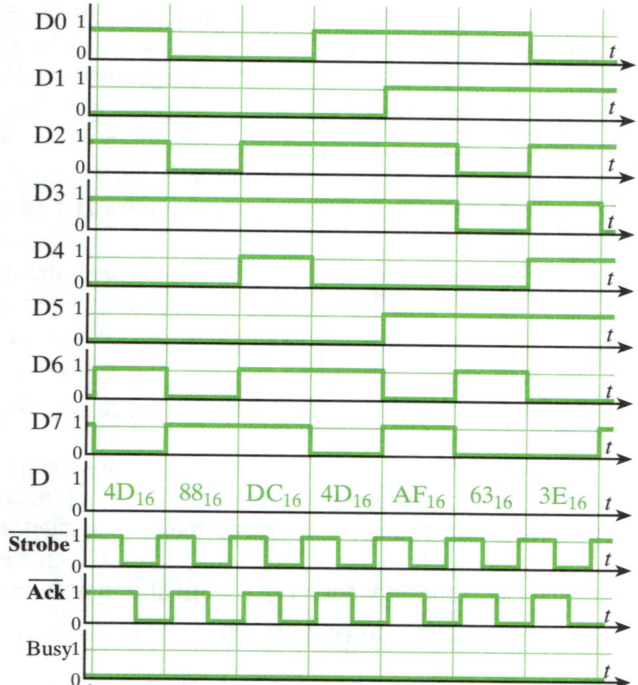


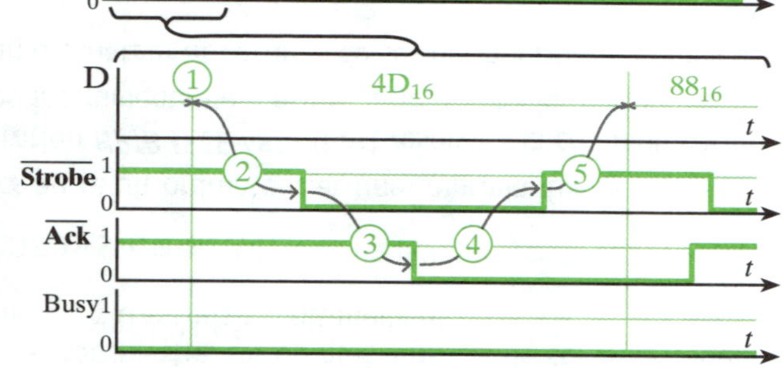


① Une nouvelle donnée est placée en D par l'ordinateur.

② La ligne Strobe est mise à 0 pour signaler à l'imprimante que la donnée est prête.

③ Lorsque l'imprimante a lu le caractère, elle place la ligne Ack à 0.

④ L'ordinateur peut alors relâcher la ligne Strobe.

⑤ Il est possible de placer une nouvelle donnée en D.

# FICHE 55 TRANSMISSION D'INFORMATIONS NUMÉRIQUES SÉRIE

La transmission série transporte des mots entre deux équipements par l'envoi successif (les uns après les autres) des informations binaires de chaque mot.

Un seul fil sert pour la donnée. Les informations nécessaires à l'extraction peuvent être soit transportées par des fils dédiés (horloge, validation) la liaison est alors dite *synchrone*, soit transmises sur le fil de données, la liaison est alors dite *asynchrone*.

## I. Avantages et inconvénients de la liaison série

**Avantage**

Une paire de fils peut suffire, ou encore un canal radio, un faisceau infrarouge, une ligne téléphonique...

**Inconvénient**

La vitesse de transport est moins bonne qu'avec une transmission parallèle car les bits de chaque mot doivent être transmis les uns après les autres.

## II. Exemples de liaisons séries

➢ RS232 entre un ordinateur et un périphérique (modem par exemple). Un récepteur doit être relié à un émetteur.

➢ RS422 :

Plusieurs récepteurs peuvent être connectés à un même émetteur.

➢ RS485 :

Plusieurs émetteurs et récepteurs peuvent dialoguer sur une même ligne, c'est une structure de bus.

➢ Bus $I^2C$.

➢ Liaison infrarouge entre une télécommande et un téléviseur.

➢ Liaison radio entre une télécommande et un portail à ouverture automatique.

# III. Liaison série synchrone

## 1. Architecture simplifiée

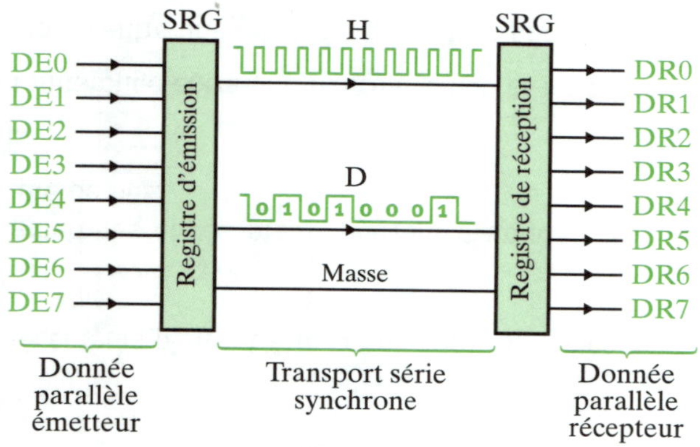


## 2. Chronogrammes d'une transmission série synchrone

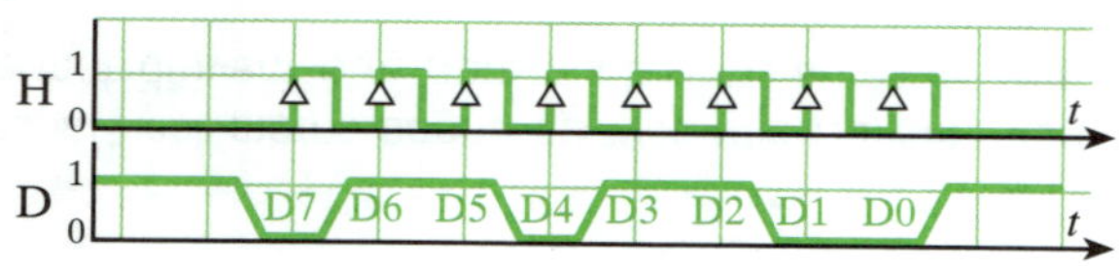


Ce chronogramme d'exemple montre que les données sont successivement envoyées sur les fronts (ici montants) du signal d'horloge. Suivant le protocole, le poids fort est envoyé en premier ou en dernier.

# IV. Liaison série asynchrone RS232

Le fil de transport du signal d'horloge n'existe plus dans le transport asynchrone.

## 1. Protocole

➢ L'état de repos dans le protocole RS232 (appelé aussi mark) est 1.

➢ Le format RS232 comporte un bit de début (Start) à 0.

➢ Les bits de données (D0..Dn) sont compris entre ceux de début et de fin, le poids fort est transmis en dernier. Les bits de données sont au nombre de 5 à 8.

➢ La transmission peut comporter un bit appelé bit de parité (P). S'il est présent, il peut être programmé de façon Paire ou Impaire. Il est positionné pour que le nombre $N_1$ de bits à 1 de la donnée et du bit de parité soit :

- pair si la parité programmée est paire,
- impair si la parité programmée est impaire.

➢ La fin du message comporte 1, 1,5 ou 2 bits de fin (Stop) à 1.

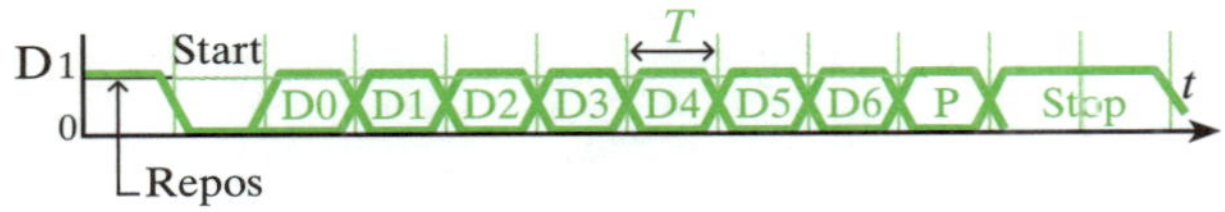


## 2. Vitesse de transmission

Le transport des informations est cadencé à un rythme bien déterminé. L'unité généralement employée pour décrire cette vitesse est le baud. Elle désigne le nombre de bits transmis par seconde.

La durée de transmission d'un bit est *T* sur le chronogramme ci-dessus.

**Quelques valeurs courantes**

| | | |
|---|---|---|
| 110 bds | 2 400 bds | 14 400 bds |
| 300 bds | 4 800 bds | 28 800 bds |
| 1 200 bds | 9 600 bds | 56 kbds |

## 3. Configuration d'une liaison série

Il est impératif pour une transmission correcte que l'émetteur et le récepteur soient configurés strictement de la même façon (protocole et vitesse).

## 4. Niveaux de la transmission

La norme fixe les niveaux d'une connexion RS232 à :

➢ de + 3 V à + 25 V : état 0 ;

➢ de – 3 V à – 25 V : état 1.

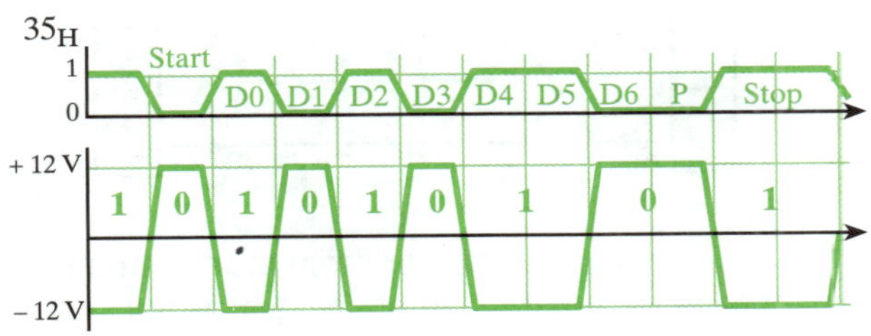

## 5. Transmission simultanée

La liaison série RS232 est par principe bidirectionnelle, il existe un fil pour l'émission et un fil pour la réception des données.

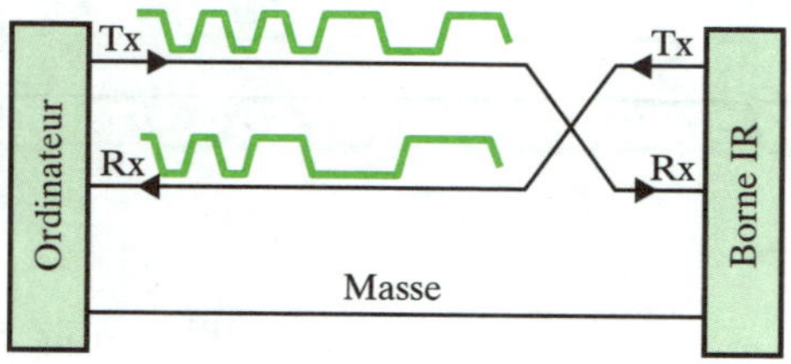


La communication entre les deux équipements peut se faire simultanément (les deux équipements sont en même temps émetteurs de données et récepteurs). Une connexion qui autorise cela est dite *full duplex*.

Si la liaison est bidirectionnelle mais que les équipements ne peuvent émettre simultanément, la liaison est dite *half duplex*.

# PARTIE V

# Fonctions logiques programmées

# PARTIE V
# Fonctions logiques programmables

# ARCHITECTURE DES COMPOSANTS PROGRAMMABLES

## I. Structure d'un PAL16V8/22V10

### 1. Exemple simplifié d'un circuit programmé

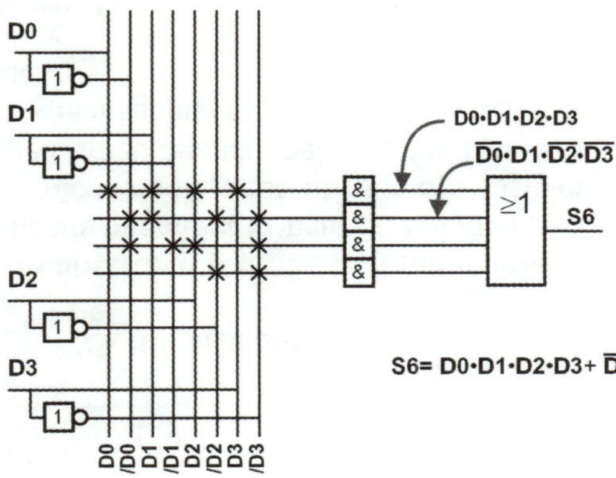


S6= D0•D1•D2•D3+ $\overline{D0}$•D1•$\overline{D2}$•$\overline{D3}$+ $\overline{D0}$•$\overline{D1}$•D2•$\overline{D3}$+ $\overline{D2}$•$\overline{D3}$

Il faut reconnaître la façon particulière de représenter un opérateur ET. Chaque ligne est reliée à un opérateur ET, sur la ligne une croix x représentée à une intersection *signifie que cette colonne est un terme du ET*. (Elle ne doit surtout pas être confondue avec le point • qui signifie une *connexion* à l'intersection.) Étant donné l'architecture du PAL, l'équation de sortie s'écrit sous la forme d'une somme de produits.

### 2. Vue partielle de la structure interne d'un PAL22V10

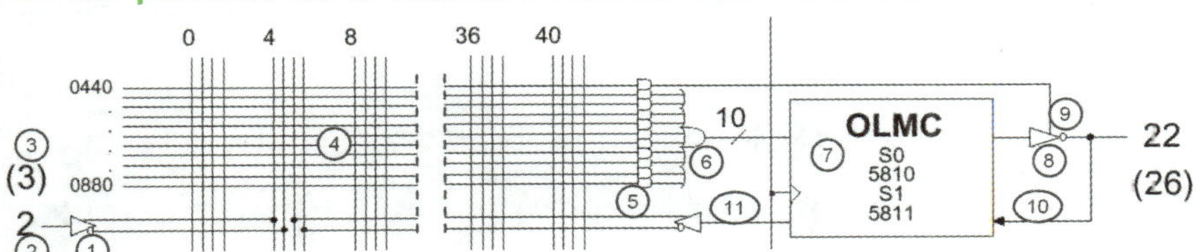


① Circuit d'entrée, à deux sorties OUI et NON
② Numéro de broche sur le composant DIP
③ Numéro de broche du composant PLCC
④ Matrice de ET programmable
⑤ Représentation des opérateurs ET
⑥ Représentation d'un opérateur OU
⑦ OLMC Cellule de sortie programmable
⑧ Opérateur de sortie à trois états
⑨ Validation de sortie (Enable). Elle provient d'un ET
⑩ Rebouclage vers la matrice de ET
⑪ Opérateur à sorties OUI et NON de rebouclage.

### 3. Cellule programmable de sortie : OLMC

La structure interne montre que chaque sortie se fait par un OLMC (Output Logical Macro Cellule / Macro Cellule de Sortie Programmable). Celle-ci peut être configurée lors de la programmation du composant dans l'un des modes :

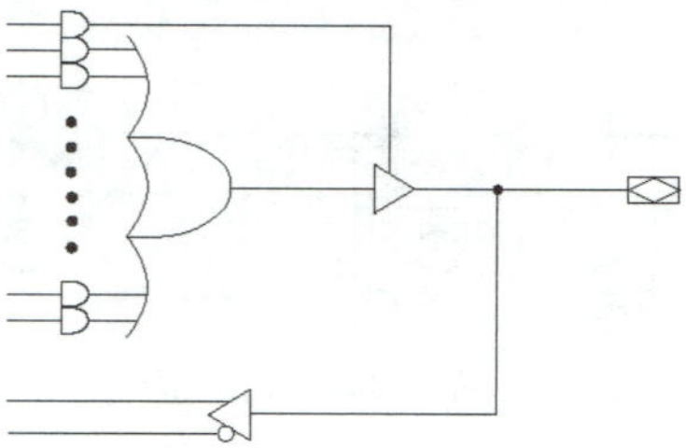

Sortie combinatoire

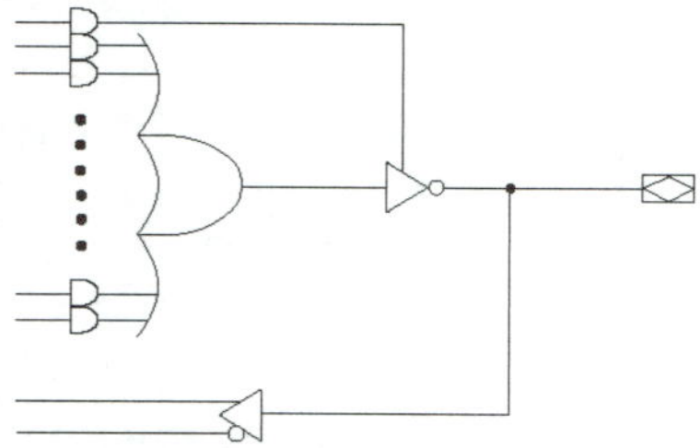

Sortie combinatoire complémentée

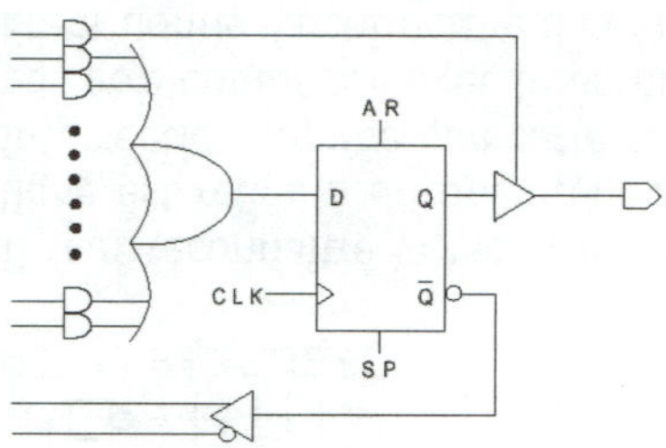


Sortie mémorisée

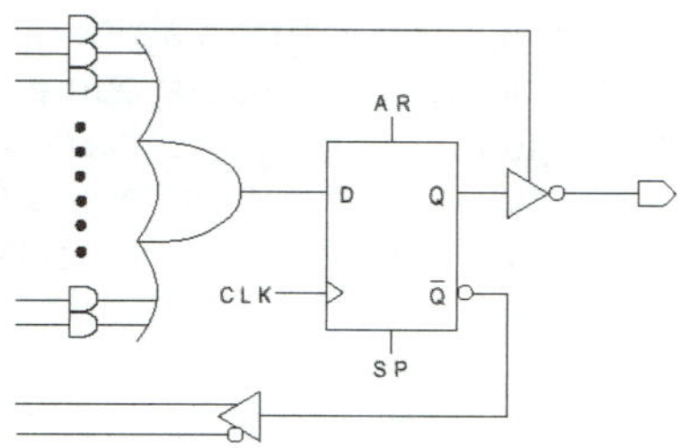


Sortie mémorisée complémentée

### 4. Constitution du ET programmable

Chaque opérateur ET peut être programmé. La technologie peut utiliser des fusibles (peu à peu abandonnée) ou des éléments programmables et effaçables électriquement.

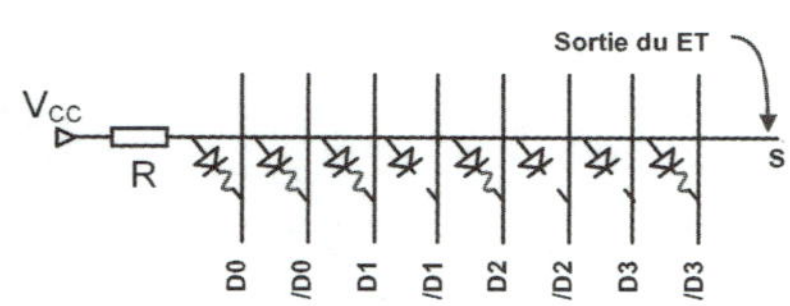


## II. Structure d'un MACH4

Un composant MACH est constitué d'un certain nombre de structures PALs interconnectées par une matrice centrale d'aiguillage d'informations. Il peut être programmé en place (In Situ) dans l'application et le programmateur se résume à un câble d'une vingtaine d'euros.

De nombreux circuits programmables existent, autres que celui-ci donné à titre d'exemple.

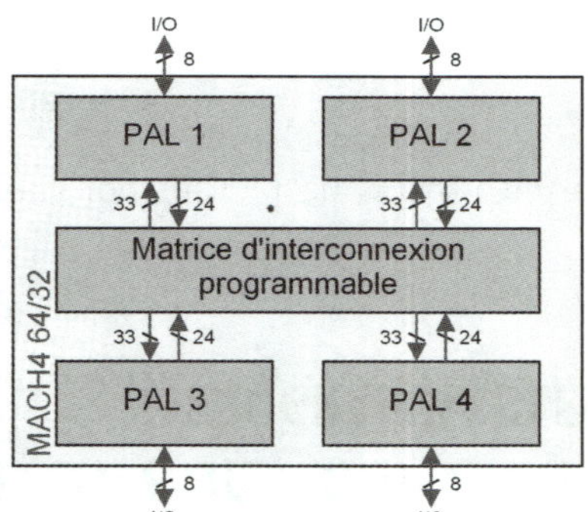

# LANGAGE DE PROGRAMMATION ABEL

ABEL est un langage de description des circuits logiques. Il en existe d'autres dont le plus important est le VHDL.

Cinq éléments constituent un fichier ABEL. Exemple :

```
MODULE Logique

TITLE 'Programmation didactique'

// Pour pouvoir exposer ...
```
Section d'entête

```
DECLARATIONS

// Variables d'entrée
 A,B,C,D,E pin  14,15,16,17,18;

// Variables de sortie
 del1,del8 pin  31,24 istype 'com';
```
Section des déclarations

```
EQUATIONS
 del1=!(A & B & C & D & E);
 del8=!(A # B # C # D # E);
```
Section de description

```
TEST_VECTORS
  ([A,B,C,D,E] -> [del1, del8]);
   [0,0,0,0,0] -> [1,1];  // Tout ét
   [0,0,0,1,0] -> [1,0];  // del 8 a
```
Section de test

```
END Logique
```
Déclaration de fin de fichier

// : Signifie que la suite de la ligne est du commentaire.

## I. Sections d'entête et fin de fichier

**MODULE** : Ce mot annonce le titre du module.
**END** : Reprend le titre du module et en annonce la fin.
**TITLE** : Définit un titre qui sera affiché sur les documents générés.

## II. Section déclarations

**DECLARATIONS** : Mot annonçant la section de déclarations.
**Pin** : Ce mot permet d'affecter un numéro de broche à une variable. Les variables et les broches peuvent apparaître sous forme de listes.

**Istype 'com'** : Permet d'indiquer que la sortie est combinatoire.
**Istype 'reg'** : Permet d'indiquer que la sortie se fait par une bascule D.
**'buffer' 'invert'** : Associés au mot reg ils spécifient si la sortie se fait par un opérateur OUI ou un opérateur NON. Ils ne changent pas l'équation et sont *inutiles* si les mises à 1 et à 0 des bascules de sorties ne sont pas utilisées.
On peut trouver dans cette section les déclarations de *groupe*. Par exemple N = [A3,A2,A1,A0]; veut dire que le mot N est constitué des bits A3, A2, A1 et A0.

## III. Section de description

**EQUATION** : Ce mot annonce des équations de description du composant. Les opérateurs mathématiques ont la forme suivante :

| Symbole | Opération logique |
|---|---|
| ! | Complément |
| # | OU |
| & | ET |
| $ | OU exclusif |
| ! $ | NON(OU exclusif) |

| Symbole | Opération arithmétique |
|---|---|
| – | Soustraction / négation |
| + | Addition |
| * | Multiplication |
| / | Division non signée |
| % | Reste de division |
| << | Décalage à gauche |
| >> | Décalage à droite |

| Symbole | Opérateur relationnel |
|---|---|
| == | Test d'égalité |
| != | Test non égal |
| < | Test inférieur |
| <= | Test inférieur ou égal |
| > | Test supérieur |
| >= | Test supérieur ou égal |

**TRUTH_TABLE** : Annonce une description par table de vérité. Exemple :

```
TRUTH_TABLE    // Definition par la TDV

(N -> [SA, SB, SC, SD, SE, SF, SG] );
 0 -> [1,1,1,1,1,1,0];  // Affichage 0
 1 -> [0,1,1,0,0,0,0];  // Affichage 1
```

## IV. Section de test

**TEST_VECTORS** : Mot annonçant une section de test.

# MÉMOIRES NUMÉRIQUES

## I. Architecture

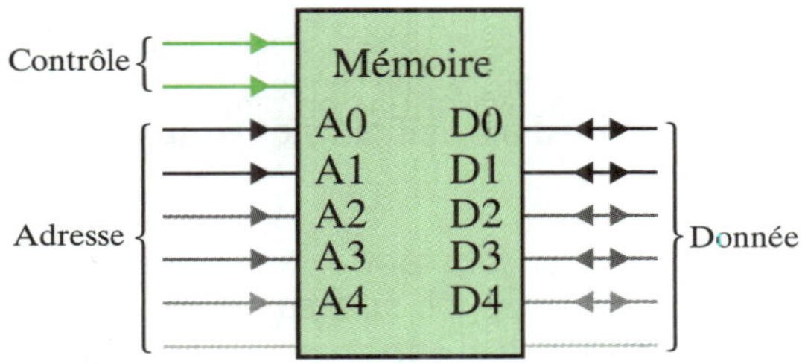


***Fils d'adresse*** : en entrée pour le composant, l'adresse définit un emplacement.

***Fils de donnée*** : à chacune des adresses (emplacement) de la mémoire est stocké un contenu appelé donnée.

***Fils de contrôle*** : ils ont pour fonctions :

➢ de signaler que le *composant est sélectionné*. Fréquemment nommé CE (Chip Enable) ou bien CS (Chip select), ils sont généralement actifs au niveau bas ;

➢ de demander au composant de *valider ses sorties*. OE (Output Enable), il est généralement actif au niveau bas ;

➢ éventuellement d'informer la mémoire de la nature de l'opération : *Lecture ou écriture* (R,/W) ;

➢ éventuellement de signaler une opération de *programmation* (Vpp).

## II. Terminologie et définitions

***Bit*** : *élément binaire* (BInary digiT) qui peut prendre deux états : 0 ou 1.

***Mot binaire*** : *groupe* d'états *binaires* (fils d'adresses, de données, contenu...) représentant un nombre en base 2. Les états binaires du mot sont ordonnés (A15; A14;...; A0)

***Octet*** : *mot de huit bits* (se dit BYTE en anglais).

***Poids binaire*** : Valeur associée à la *position* d'un chiffre dans le nombre en base 2 ($2^{15}$; $2^{14}$; $2^{13}$...)

***MSB*** (Most Significant Bit) : Bit de poids *le plus fort* du nombre.

***LSB*** (Lower Significant Bit) : Bit de poids *le plus faible* du nombre.

***KILO-x*** : Dans le jargon informatique et micro-informatique c'est une sous-unité de *x* qui ne vaut pas 1000 unités *x* mais *1024 x*. ( $1024 = 2^{10}$).

***Première adresse*** : on l'écrit avec tous les bits de l'adresse à 0.

***Dernière adresse*** : on l'écrit avec tous les bits de l'adresse à 1.

***Valeur de donnée la plus faible*** : celle dont tous les bits de donnée sont à 0.

***Valeur de donnée la plus forte*** : celle dont tous les bits de donnée sont à 1.

***Capacité mémoire*** : quantité d'information contenue dans la mémoire, elle s'exprime en fonction du nombre de fils d'adresse A et de donnée D :

- en nombre de bits = $D \times 2^A$ ;
- en kilo-bits (Kb) = $D \times 2^{A-10}$ ;
- en nombre d'octets (égal au nombre d'adresses : $2^A$ si D = 8) ;
- en nombre de kilo-octets (Ko) (égal à $2^{A-10}$ si D = 8).

# III. Types de mémoires

## 1. RAM

Le contenu de ces mémoires peut être *écrit* ou *lu*. RAM vient de « Random Access Memory », que l'on peut traduire par « mémoire à accès aléatoire ».

### Action de l'alimentation

L'interruption de l'alimentation interrompt la mémorisation. Le contenu est oublié. On dit que le contenu est *volatile.* On appelle aussi ce composant *mémoire vive*.

### RAM statique

Cette mémoire est un composant à la mise en œuvre simple, ne nécessitant aucun autre circuit pour la rétention (mémorisation) des données. Elle est peu gourmande en énergie, son courant d'alimentation représente quelque microampères en mode de veille.

### RAM dynamique

Pour une même surface de silicium, il est possible d'y mémoriser quatre fois plus d'informations que dans une RAM statique. Un circuit électronique de rafraîchissement est nécessaire et elle absorbe plus de puissance que la mémoire statique. Les RAM dynamiques sont utilisées dans les ordinateurs qui demandent de très grandes quantités de RAM.

## 2. ROM

Le contenu de ces mémoires peut être lu et parfois programmé par l'utilisateur. ROM vient de « Read Only Memory » qui se traduit par « mémoire à lecture seule ».

### Action de l'alimentation

Le contenu est *permanent* et ne dépend pas de l'alimentation. On dit que ce type de mémoire est *non volatile*. On l'appelle aussi mémoire *morte*.

### ROM masquée

Elle est programmée par le constructeur lors de la *fabrication* (opération de masquage). Elle n'est utilisée que pour de très grandes séries (> 100 000 pièces).

## PROM : Programmable Read Only Memory

Terme générique qui englobe toutes les mémoires *programmables* par l'utilisateur.

## PROM fusible

Basée sur une technologie à transistors bipolaires, elle comporte des fusibles qui peuvent être détruits sélectivement par le programmateur.

## EPROM : Erasable Programmable Read Only Memory

Mémoire à lecture seule programmable et effaçable par l'utilisateur.

## UVPROM : UltraViolet erasable Programmable Read Only Memory

Mémoire à lecture seule programmable et effaçable par l'utilisateur au moyen d'ultraviolets.
Pour permettre l'effacement, ces mémoires sont munies d'une *fenêtre transparente* en quartz. Leur boîtier en *céramique* est bien plus cher qu'un boîtier plastique.

➢ Une mémoire non programmée est dite vierge.

➢ Une UVPROM vierge contient des 1 partout.

➢ La programmation consiste à faire passer des bits à 0, c'est le rôle du programmateur.

➢ L'opération de programmation d'une mémoire complète prend de quelques secondes à quelques dizaines de secondes suivant le nombre d'adresses à programmer.

➢ La programmation nécessite une alimentation adaptée sur la broche Vpp du composant (12 V, 12,5 V, 21 V ...).

➢ L'effacement ramène tous les bits à 1.

➢ L'effacement se fait avec un dispositif rudimentaire, qui comporte un tube à ultraviolets, un tiroir dans lequel on dépose la (les) mémoire à effacer. Il est parfois équipé d'une minuterie.

➢ L'effacement prend une dizaine de minutes.

➢ Lorsqu'une UVPROM est programmée il faut masquer sa fenêtre avec un autocollant opaque pour prévenir un effacement accidentel par une exposition aux rayons solaires par exemple.

➢ Attention, les ultraviolets utilisés pour l'effacement peuvent être dangereux pour les yeux.

## OTP : One Time Programmable

Mémoire programmable une seule fois.

Ce sont exactement les mêmes mémoires que les UVPROM mais le composant est encapsulé dans un boîtier plastique aveugle mais économique. L'effacement est impossible. On utilise ces composants en production de série. Les microcontrôleurs utilisent fréquemment la technologie OTP. Leur ROM est ainsi programmée par l'utilisateur avec le programme de l'application.

## EEPROM : Electricaly Erasable Programmable Read Only Memory

Mémoire à lecture seule, programmable et effaçable électriquement.

Elle ressemble dans son principe à l'UVPROM mais l'effacement se fait électriquement.

*Avantages*

- Elle peut être programmée et effacée en place.
- Elle ne nécessite pas d'alimentation spécifique à la programmation.
- Elle est reprogrammable.
- Un boîtier plastique économique lui suffit.
- À cause de tous ces avantages qui la font ressembler à une RAM elle est souvent appelée *RAM FLASH*.

*Défauts*

- C'est la ROM la plus gourmande en surface de silicium.
- On ne peut pas l'assimiler complètement à une RAM car la durée de *programmation* d'une case mémoire est bien plus longue qu'une *écriture* en RAM.

La technologie EEPROM prend de l'essor. Elle trouve de nombreuses applications dans les produits de consommation de haut de gamme : photo, vidéo, ordinateurs portables, etc.

# ARCHITECTURE MATÉRIELLE DES SYSTÈMES MICROPROGRAMMÉS

## I. Constitution d'un système microprogrammé

Il comporte deux éléments complémentaires indissociables :

➢ le programme qui décrit la gestion du processus industriel. Le programme doit impérativement s'adapter à l'architecture du circuit électronique qu'il est censé piloter ;

➢ le circuit électronique qui héberge le programme.

## II. Exemple de système microprogrammé

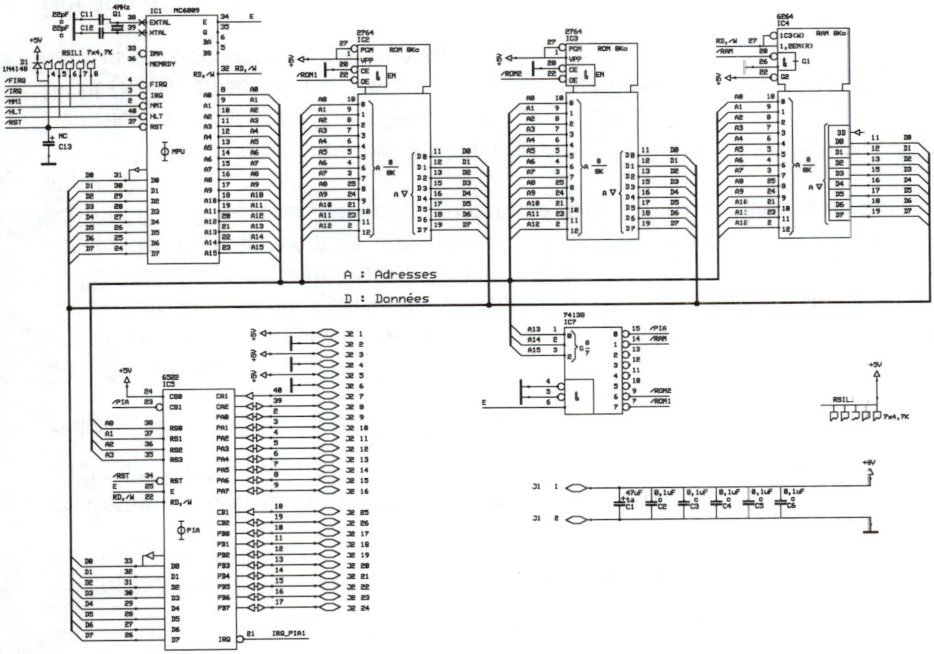


## III. Éléments d'un système microprogrammé

### 1. Bus d'adresses et de données

Un bus est un ensemble de fils destiné à la communication entre les différents circuits. Il est représenté par un trait gras et correspond à un *groupe* d'équipotentielles. Les équipotentielles qui rentrent dans un bus ne sont pas reliées aux autres. Par contre, elles sont repérées par une référence, toutes les équipotentielles portant la même référence sont conventionnellement reliées entre elles.

### Bus d'adresses

L'adresse A est produite par le microprocesseur. Le bus d'adresses est donc une sortie pour ce composant, une entrée pour les autres. L'adresse permet au microprocesseur d'atteindre un emplacement particulier du système.

➢ Première adresse du système : elle s'écrit lorsque tous les bits du bus d'adresses sont à 0.

➢ Dernière adresse du système : elle s'écrit lorsque tous les bits du bus d'adresses sont à 1.

➢ Le nombre d'adresses est $2^A$. ($A$ est le nombre de fils du bus d'adresses).

### Bus de données

Le bus de données D transporte des valeurs entre le microprocesseur et un autre composant. Les données peuvent transiter entre ces deux éléments dans un sens ou l'autre, le bus de données est dit bidirectionnel.
Lorsque les données vont du microprocesseur au composant cela est appelé une écriture (le microprocesseur écrit une donnée dans une case mémoire ou dans un registre).
Lorsqu'elles vont du composant au microprocesseur, cela est appelé une lecture (le microprocesseur lit le contenu d'une case mémoire ou d'un registre).
Un fil (R/W), en sortie du microprocesseur, permet de positionner les composants dans le sens convenable (lecture ou écriture).

### Décodage d'adresses

Afin d'ordonner le système, une plage d'adresses est réservée à chacun de ses composants. La fonction ayant pour tâche l'attribution des adresses s'appelle « décodage d'adresses », c'est un circuit combinatoire câblé ou programmé qui génère les signaux de sélection des composants.
Ce sont les lignes de poids fort du BUS d'adresses qui servent au circuit de décodage d'adresses.

### Adresses d'un composant dans l'espace mémoire - Méthode :

➢ Pour chaque composant du BUS de données, commencer par déterminer l'état que doivent présenter les lignes de poids fort pour sélectionner le composant.

➢ L'adresse de poids faible du composant s'obtient avec les lignes de poids fort du BUS d'adresses dans leur état de sélection et les lignes de poids faible à 0.

➢ L'adresse de poids fort s'obtient avec les lignes de poids fort du BUS d'adresses à l'état de sélection du composant et les lignes de poids faible à 1.

**Plan mémoire, carte mémoire (en anglais memory map)**

C'est la représentation graphique de ce que le microprocesseur est susceptible de trouver comme composant à telle ou telle adresse.

Le plan mémoire se déduit du décodage d'adresse. Exemple :

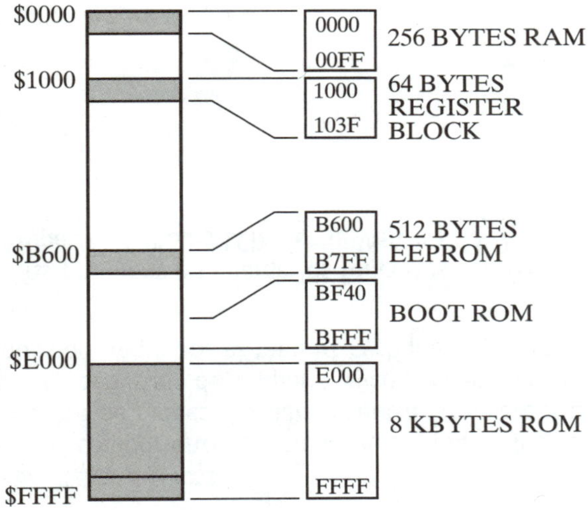


## 2. Microprocesseur (MPU)

C'est lui qui pilote les bus. Le microprocesseur suit le programme qui a été écrit par le programmeur et qui est situé en mémoire. Il :

- interprète les instructions ;
- exécute les opérations arithmétiques et logiques ;
- calcule les adresses en relation avec le programme et les résultats d'opérations ;
- dépose les adresses calculées sur le bus d'adresses ;
- signale si l'accès au bus de données est en lecture ou écriture.

## 3. Mémoire de programme

Elle contient le programme de l'application. Dans les petits systèmes microprogrammés elle est normalement constituée par de la mémoire à lecture seule (ROM) pour que le contenu puisse être conservé même en cas d'absence de l'alimentation.

En phase de développement et de mise au point, on peut être amené à placer le programme en mémoire à lecture écriture (RAM) même si le programme disparaît lorsque l'on coupe l'alimentation.

## 4. Mémoire des variables

C'est de la mémoire à lecture écriture (RAM). Le programme peut y stocker les variables de son programme. Le contenu des mémoires à lecture écriture est effacé par une interruption de l'alimentation. Si le contenu doit absolument être conservé même en dehors de l'alimentation principale, on peut maintenir une alimentation de sauvegarde par pile exclusivement pour cette mémoire.

## 5. Périphériques

Ce sont les organes de dialogue avec le processus à gérer (circuit électronique en dehors du système microprogrammé). Les périphériques sont prévus pour être câblés le plus simplement possible sur les bus d'un système microprogrammé.

Les fonctions périphériques que l'on rencontre le plus souvent sont des :

*Interface parallèle*

L'utilisateur dispose grâce à un circuit d'interface parallèle d'un ensemble de lignes groupées en mots (de 8 bits la plupart du temps). Ces lignes de communications peuvent en général être programmées par l'utilisateur soit en entrées soit en sorties.

*Interface série*

Avec un circuit d'interface série l'utilisateur dispose de moyen de communication série normalisée, comme l'est la liaison RS232.

*Circuit compteurs / timers*

Ces circuits comportent des compteurs programmables utilisables dans une grande variété de modes. Ils permettent à l'utilisateur la mesure simple de fréquences, de périodes, de rapports cycliques et peuvent produire des signaux périodiques de fréquence et rapport cyclique réglables par programme.

*Circuit de gestion d'affichage*

Ces circuits prennent en charge les fonctions complexes de contrôle d'affichage de tous types (Afficheurs LCD, sortie VGA...)

...

# ENVIRONNEMENT DE PROGRAMMATION

## I. Constitution d'un environnement de programmation

Lors de la mise au point d'un programme un certain nombre de fonctions sont nécessaires de nature *matérielle* et *logicielle*. De plus il convient de distinguer les modes de fonctionnement *application* et *programmation/mise au point*.

L'architecture matérielle doit donner à l'utilisateur la possibilité de piloter son application. Pour cela elle peut disposer de périphériques variés et modulables (Interfaces parallèle et série). Elle doit également permettre l'interconnexion avec un ordinateur et disposer de fonctions de contrôle dans le mode *programmation et mise au point.*

L'architecture logicielle doit pouvoir faire cohabiter deux programmes en mémoire du système : celui de l'application et celui utilisé par le mode *programmation et mise au point*. Le programme du mode *programmation et mise au point* est normalement situé en ROM alors que celui de l'application peut être placé en RAM ou EEPROM.

Une fois que le programme est au point celui-ci peut être recopié dans le circuit final de l'objet technique à réaliser. Le programme de mise au point n'est par contre alors plus nécessaire.

## II. Fonctions d'un environnement de programmation

L'environnement de programmation comporte en général un logiciel exécuté sur un ordinateur de bureau. Le dialogue entre l'ordinateur et le système de développement se fait par une liaison série (RS232 par exemple).

### Éditer un programme

La première opération à réaliser dans la production d'un programme consiste dans son écriture. Le programme source s'écrit dans un langage intermédiaire entre l'expression de la fonction (l'algorithme) et le langage du processeur. L'écriture peut se faire en assembleur ou dans un langage évolué (C par exemple). Certaines règles doivent être respectées pour l'écriture d'un programme.

### Assembler un programme

Le programme étant écrit, il faut l'assembler. L'assembleur est un outil chargé de transformer (on dit aussi compiler) le *programme source* écrit par le programmeur (vous) en *programme objet* proche du langage du microcontrôleur (68HC11 par exemple). En plus du programme objet l'assembleur produit généralement :

➢ un *listing d'assemblage* qui informe le programmeur sur le déroulement de l'opération d'assemblage ;

➢ une *liste d'erreurs* dans le cas où il en aurait rencontré lors de sa compilation.

## Programme objet

Il est constitué des codes numériques (suite d'octets) dans le langage machine du processeur. Le programme objet est l'image du programme source écrit par le programmeur, il est éventuellement stocké sur un disque dur de l'ordinateur.

## Listing d'assemblage

C'est l'assembleur qui produit ce document en même temps que le *programme objet*. Il sert au programmeur pour l'informer de la façon dont chaque ligne de son *programme source* a été assemblée. Il contient à la fois les lignes du programme source et, pour chacune d'elles, l'adresse d'assemblage et les données correspondantes. Ce document ne sert pas au chargement du programme en mémoire contrairement au programme objet. Au moment de la *mise au point* du programme en pas à pas il est très utile au programmeur.

## Format S1-S9

Le programme objet peut être stocké sur disque suivant ce format. D'autres formats de fichiers existent.

```
S1 : Code de début d'un paquet de données à stocker en mémoire
14h : Taille du paquet en notation hexadécimale, soit ici 20d octets
B600h : Adresse de stockage du paquet codée sur deux octets (16 bits)
84h......02h : Paquet de données à stocker à partir de l'adresse B600h
B7h : Octet de « check-sum » (vérification) de la ligne.

S114B600848586FF80212202B60000BB0001B70002B7
S9030000FC

FCh : Octet de «check-sum»
0000h : Adresse de lancement du programme
03h : Taille du paquet
S9 : Code indiquant qu'il n'y a plus de données.
```

## Transférer un programme

Une fois compilé, le programme objet doit être transféré en mémoire du système microprogrammé. Il est ainsi placé en RAM (pour mise au point) ou en EEPROM. Les systèmes de développement intègrent en général cette fonction. Lorsque le programme est au point on peut programmer une UVPROM avec le programme de l'application.

## Exécuter une application

L'environnement de développement permet le lancement du programme.

FICHE 61

# ÉCRITURE D'UN PROGRAMME SOURCE

La syntaxe décrite pour l'écriture d'un programme source est celle de l'assembleur du 68HC11. Elle est sensiblement identique pour bon nombre de processeurs.

## I. Champs

Les champs correspondent à la façon de découper le texte en colonnes, ayant chacune une signification différente.

```
CLEF      ldaa      #%00000101      Allumage del jaune
 (1)       (2)         (3)                (4)
```

❶ CHAMP ÉTIQUETTE : C'est un repère auquel on pourra se référer ultérieurement dans le programme. L'étiquette prend la valeur de l'adresse où elle se trouve. Le champ étiquette commence impérativement sur le bord gauche de la feuille. Il peut être vide, dans ce cas le premier caractère de la ligne doit être un (ou plusieurs) espace.

❷ CHAMP MNÉMONIQUE : Dans ce champ est placé le mnémonique de l'opération devant être réalisée par le microprocesseur (copie vers un registre, vers une mémoire, addition....). On peut aussi trouver dans ce champ ce qui est appelé une DIRECTIVE ASSEMBLEUR. C'est alors une information donnée à *l'assembleur*.

❸ CHAMP OPÉRANDE : Décrit ce sur quoi porte l'opération. (Ce peut être une valeur, ou l'adresse de la valeur, ou l'adresse de l'adresse de la valeur...).

❹ CHAMP COMMENTAIRE : Ce champ est réservé au programmeur pour rajouter des informations à son programme. Les commentaires sont ignorés par l'assembleur.

➢ Le champ étiquette est facultatif, mais il doit être remplacé par un ou plusieurs espaces ou tabulations.

➢ Le champ commentaire est facultatif.

➢ Certains mnémoniques ne nécessitent pas d'opérande.

➢ Une ligne commençant par une étoile est une ligne de commentaire.

## II. Directives d'assemblage

Ce sont les ordres destinés à *l'assembleur*. Ils ne sont pas destinés au *microprocesseur* et ne produiront pas une partie exécutable du programme objet. Les directives sont placées dans le champ « mnémonique ». Les plus importantes sont celles évoquées ci-dessous.

Exemple :

```
EEPROM    EQU   $B600
RAM       EQU   $0000
          ORG   RAM
MEMSON    RMB   1
          ORG   EEPROM
COD1      FCB   $33,$31
COD2      FDB   $0FFE,$20
MESSAGE   FCC   'Bonjour'
          END
```

**EQU** : Affecte à la variable (gauche de EQU) la valeur indiquée (droite de EQU).
**ORG** : Indique l'adresse à laquelle l'assembleur doit commencer l'assemblage des lignes qui suivent.
**RMB** : Réserve en mémoire le nombre d'octets indiqué.
**FCB** : Place dans le programme objet les mots indiqués (mots d'un octet).
**FDB** : Place dans le programme objet les mots indiqués (mots de deux octets).
**FCC** : Place dans le programme objet la succession des codes ASCII correspondant au message compris entre guillemets.
**END** : Indique que l'assemblage est terminé au-delà de ce point du programme.

## III. Notations

L'assembleur permet au programmeur d'écrire dans l'une ou l'autre des bases couramment employées dans les systèmes microprogrammés. Pour cela il faut faire précéder la valeur d'un symbole distinctif de la base utilisée.
Exemple :

```
PHASE1 ldaa   #%01001000
GEL    ldab   #30
PORTA  EQU    $1000
       cmpa   #'*
```

**Base 2** : Le nombre est précédé du symbole %.
**Base 8** : Le nombre est précédé du symbole @.
**Base 10** : Le nombre n'est précédé d'aucun symbole.
**Base 16** : Le nombre est précédé du symbole $.
**Code ASCII** : Le caractère dont on veut le code ASCII est précédé du symbole '.

La base est choisie en fonction du contexte de la valeur. Certaines valeurs seront plus explicites en base 2, d'autres en base 10, et d'autres encore en hexadécimal.

Le microcontrôleur est un composant qui regroupe dans un même boîtier tous les éléments vitaux d'un système microprogrammé. Le programme décrivant le traitement du processus peut être stocké dans l'une de ses mémoires. Tout le système programmé et son programme tiennent alors dans un seul composant de plusieurs dizaines de milliers de transistors.
Le composant 68HC11A8 est utilisé dans les exemples qui suivent.

# I. Architecture interne du microcontrôleur 68HC11

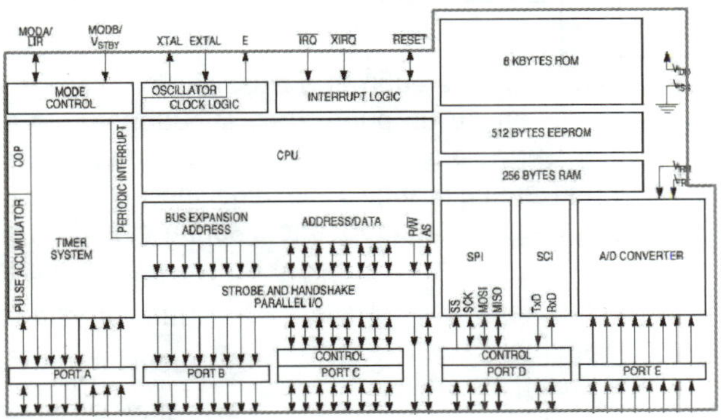


La représentation fonctionnelle d'un microcontrôleur est riche d'informations. Elle permet d'informer le concepteur sur les fonctions constituant le composant d'un seul coup d'œil. L'exemple présenté ci-dessus est très représentatif de ce que peut contenir un composant microcontrôleur :

➢ Trois types de mémoires :

RAM : mémoire à lecture et écriture,

EEPROM : mémoire programmable et effaçable électriquement,

ROM : mémoire à lecture seule, en fonction du type de 68HC11 ce peut être une ROM masquée, une UVPROM ou une OTP.

➢ Des ports d'entrées sorties à 8 bits PORT A à PORT E dont les lignes peuvent être en entrée, en sortie ou bidirectionnelles.

➢ L'unité centrale CPU, chargée de décoder et de traiter les opérations du programme objet.

➢ Un convertisseur Analogique vers Numérique donnant au composant la faculté de traiter directement des informations analogiques entrantes.

➢ Une fonction oscillateur astable permettant le cadencement des opérations du microcontrôleur.

➢ Une fonction de gestion d'événements temporels (timer).

➢ Une liaison série asynchrone (SCI).

➢ Une liaison série synchrone (SPI).

➢ Une unité de traitement des interruptions.

Le plan mémoire du composant permet de localiser le placement des différentes fonctions dans l'espace d'adressage.

## II. Ports d'entrée/sortie parallèles

Les ports permettent le dialogue du microcontrôleur avec l'extérieur. L'écriture d'un mot de 8 bits sur un port en sortie est aussitôt répercuté sur les 8 fils de la sortie correspondante. La lecture d'un port en entrée fournit un mot de 8 bits image des états logiques vus sur les fils de l'entrée correspondante.

L'observation de l'architecture interne du composant permet de dire que les lignes des ports peuvent être :

➢ en entrées uniquement,

➢ en sorties uniquement,

➢ ou bidirectionnelles.

Dans le cas d'un port à lignes bidirectionnelles, il faut indiquer au composant le sens que l'on choisit pour chacune d'elles. Chaque port à accès bidirectionnel comporte pour ce faire un registre de contrôle (DDR). Dans le cas du 68HC11, à chaque ligne bidirectionnelle correspond un bit de son DDR, si le bit est à 1 la ligne est en sortie, si le bit est à 0 la ligne est en entrée.

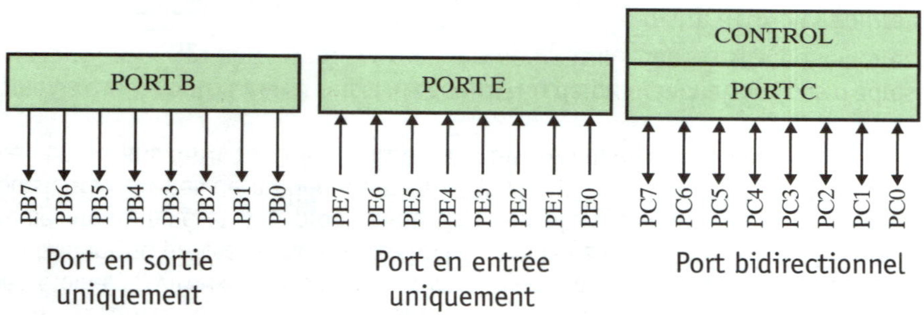


L'adresse de chacun des registres (I/O ou DDR) doit être recherchée dans la documentation constructeur du composant.

## III. Modèle de programmation du 68HC11

Les registres du modèle de programmation sont des entités qui n'appartiennent pas à l'espace mémoire mais ils sont situés dans le CPU. En petit nombre, ils sont

essentiels au fonctionnement du microprocesseur. 99 % des instructions (des opérations) s'exécutent en relation avec eux. On peut modifier le contenu de ces registres, lire et exploiter leur contenu.
Les registres du modèle de programmation du 68HC11, sont au nombre de 7 : A, B, IX, IY, SP, PC, CCR.

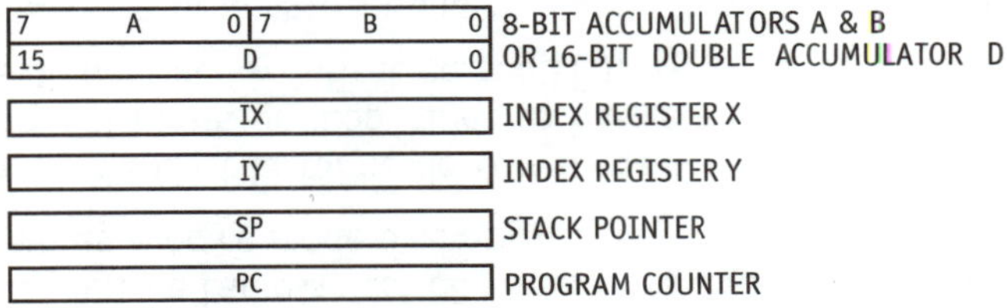


Il ne faut pas confondre les registres du modèle de programmation (pas d'adresse mémoire) avec les ports dont les registres sont situés dans l'espace mémoire.

**PC** : Compteur de programme (Program Counter) : Ce registre à 16 bits *pointe en permanence sur l'emplacement de la ligne de programme en cours d'exécution*. Sauf exception, le programmeur n'a pas besoin de s'occuper du PC. Celui-ci est mis à jour automatiquement au fur et à mesure du déroulement du programme.

**A** et **B** : Registres accumulateurs à 8 bits. Pour le 68HC11 ce sont des registres à tout faire. Charger des valeurs, les stocker, faire des opérations (additions, soustractions, multiplication, négation, complémentation...). **D** est la concaténation (la mise bout à bout) des accumulateurs A et B. Si on écrit dans D, on écrit en fait à la fois dans A et B.

**IX** et **IY** : Registres d'index (index register). Ces registres à 16 bits sont destinés à contenir des adresses pour le mode d'adressage indexé.

**SP** : Pointeur de pile (stack pointer). Registre à 16 bits, il joue un rôle très important dans l'exécution des programmes. Il pointe sur la pile. La pile est une zone de RAM dans laquelle sont stockés (empilés) des résultats indispensables à la bonne exécution des sous-programmes. Il doit pointer sur une zone de mémoire RAM libre.

**CC** : Registre de conditions (condition code register). Il règle et informe du fonctionnement du processeur, il est indispensable pour l'exécution des instructions conditionnelles. Chacun des huit bits qui le composent est soit un *indicateur* sur une opération qui a été réalisée, soit un *commutateur* permettant de paramétrer le fonctionnement du processeur.

*Indicateurs du registre CC*

C : Indicateur de retenue, il est à 1 si la dernière opération a produit une retenue.

V : Indicateur de débordement (ou dépassement de capacité).

Z : Zéro. Ce bit est à 1 si la dernière opération a donné un résultat nul.

N : Négatif. Ce bit est à 1 si la dernière opération a produit un résultat négatif CPL2

H : Indicateur de demi-retenue.

*Commutateurs du registre CC*

I : Si ce bit est à 1 alors les interruptions IRQ (broche /IRQ) sont ignorées.

X : Si ce bit est à 1 alors les interruptions XIRQ (broche /XIRQ) sont ignorées.

S : Si ce bit est à 1 alors l'instruction STOP est ignorée.

## IV. Modes d'adressages du 68HC11

Exemples :

```
clra                  Adressage inhérent
ldab   #%01100001     Adressage immédiat
ldaa   >$E000         Adressage étendu
ldab   <$1B           Adressage direct
ldaa   PORTC          Adressage étendu ou direct
clr    2,X            Adressage indexé
bra    ICI            Adressage relatif
```

**Adressage inhérent** : Le champ opérande est toujours vide, l'opérande est contenu dans le mnémonique de l'instruction.

**Adressage immédiat** : annoncé par #, il porte sur la valeur indiquée.

**Adressage étendu** : annoncé par >, l'opérande se trouve à *l'adresse indiquée*. Tout l'espace d'adressage du 68HC11 peut être atteint en adressage étendu.

**Adressage direct** : annoncé par <, l'opérande se trouve à *l'adresse indiquée* sur 8 bits. Le poids fort de l'adresse est $00_h$, seules les 256 premières adresses peuvent être atteintes avec ce mode d'adressage.

**Adressage indexé** : C'est la forme de l'opérande : `n,X` ou `n,Y` qui permet de signaler ce mode d'adressage. L'opérande se trouve à l'adresse pointée par `X` ou `Y` augmentée du décalage `n` (offset en anglais).

**Adressage relatif** : Pour le 68HC11 elles servent uniquement aux instructions de branchement (le programme se poursuit à l'adresse indiquée). Comme ces instructions n'existent que dans ce mode d'adressage aucun signe ne marque le mode d'adressage. Le déplacement par rapport à l'adresse actuelle est évalué dans la représentation en complément à 2, sur un octet seulement. Cela veut dire que la position relative ne pourra pas être inférieure à – 128 ni supérieure à 127. Le calcul du déplacement est fait par l'assembleur.

# I. Algorithme

C'est la représentation expliquée du programme ou d'un de ses éléments. C'est en quelque sorte le cahier des charges de la fonction. L'algorithme peut être écrit suivant les règles de la programmation structurée.

# II. Algorigramme - Ordinogramme

## 1. Algorigramme

C'est une représentation, utilisant des symboles conventionnels, de l'algorithme du programme. L'algorigramme doit rester indépendant du support de programmation (processeur et langage). Il est l'équivalent d'un schéma fonctionnel de niveau.

## 2. Ordinogramme

C'est une représentation qui utilise les mêmes symboles que l'algorigramme. Il est l'équivalent d'un schéma fonctionnel de degré. L'ordinogramme décrit les opérations effectuées par le support de programmation, on peut y trouver des références aux instructions, au processeur…

## 3. Symboles et règles pour la représentation

### Sens des actions

Par défaut, si le sens d'exécution n'est pas repéré par une flèche, les actions se déroulent de haut en bas.

### Exécution d'opérations ou déplacement de données

Elles sont représentées dans un rectangle.
Par exemple pour additionner le contenu de deux registres, ou stocker un résultat en RAM...

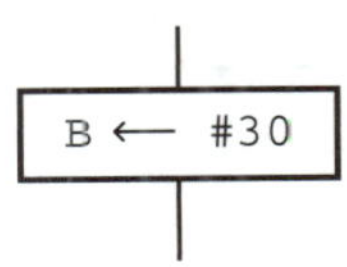


### Exécution d'action d'entrée ou de sortie

Elles sont représentées dans un losange.
Par exemple pour exécuter l'opération correspondant à l'allumage d'une diode électroluminescente, ou pour aller lire un mot binaire sur un clavier.

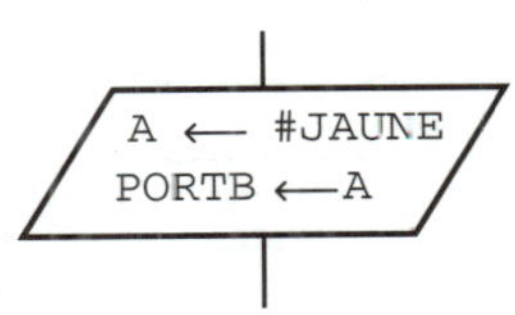

## Début ou fin de programme ou de sous-programme

Cette représentation permet de situer le début et la fin du programme.

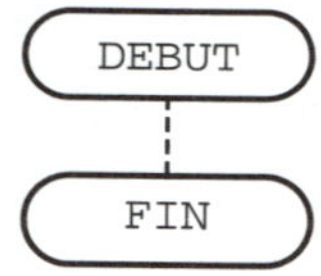


## Appel d'un sous-programme

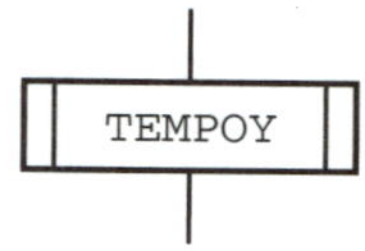


Ce bloc comporte le nom du sous-programme à exécuter. Le sous-programme est un élément indépendant du programme principal. Lorsqu'un appel de sous-programme est rencontré, l'exécution s'interrompt dans le programme en cours, elle se poursuit dans le sous-programme. Dès que dans le sous-programme on rencontre l'instruction de fin de sous-programme (RTS pour le 68HC11), l'exécution revient au programme l'ayant appelé là où il s'était interrompu. La pile et son registre S sont mis en œuvre pour la gestion des sous-programmes.

## Test logique

Élément indispensable à l'exécution de tout programme, le test logique permet d'aiguiller la suite de l'exécution vers deux points différents du programme.
La condition écrite dans le losange est évaluée, le branchement a lieu ou non suivant le résultat du test.

Le test peut être employé de deux manières :

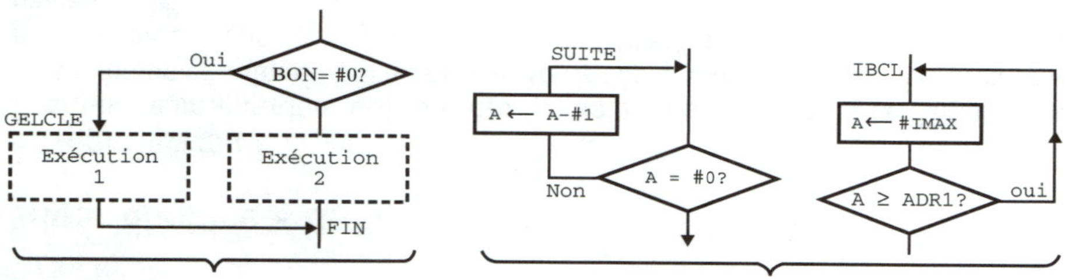


Structure alternative

Structures itératives

Structure alternative : suivant le résultat du test on exécute une action ou l'autre.
Structures itératives : suivant le résultat du test on recommence la boucle. L'action peut être réalisée avant le test ou après.

# PROGRAMMATION STRUCTURÉE

Pour ordonner l'écriture d'un programme on utilise des modèles structurés qui obéissent à certaines règles et feront qu'il aura un comportement prévisible.

## I. Modèles de « pseudo-instructions »

**FAIRE** action1, action2 .. **TOUJOURS**

Ce qui est compris entre FAIRE et TOUJOURS est indéfiniment répété.

**FAIRE** action1, action2 .. **FINFAIRE**

Exécute la suite d'actions décrite entre FAIRE et FINFAIRE.

**SI** condition **ALORS** action1, action2 .. **FINSI**

Dans ce modèle, la condition est évaluée. Si cette condition est vérifiée la suite d'actions est exécutée, sinon elle ne l'est pas.

**SI** condition **ALORS** action1, action2 .. **SINON** actionA, actionB .. **FINSI**

Dans ce modèle, la condition est évaluée. Si cette condition est vérifiée seule la suite d'actions (action1, action2 .. ) est exécutée. Si cette condition n'est pas vérifiée seule la suite d'actions (actionA, actionB .. ) est exécutée.

**FAIRE** action1, action2 .. **JUSQU'À** condition

Cette pseudo-instruction exécute la succession d'actions et la répète jusqu'à ce que la condition soit vérifiée. La succession d'actions est effectuée au moins une fois puisque la condition est testée après l'exécution.

**TANTQUE** condition **FAIRE** action1, action2 .. **FINFAIRE**

La condition est évaluée puis la suite d'actions est exécutée. La suite d'actions est alors répétée tant que la condition reste vraie. Dans ce cas, il se peut que la suite d'actions ne soit pas réalisée si la condition est fausse dès le début.

**POUR** variable **DE** initialisation **A** valeur finale **PARPASDE** pas **FAIRE** action1, action2 .. **FINFAIRE**

Lorsque cette pseudo-instruction est rencontrée, la *variable* est initialisée à la valeur *initialisation*.

La séquence suivante est alors répétée jusqu'à ce que la condition (variable = valeur finale) soit vraie : « La variable est comparée à la *valeur finale*, si cette valeur n'est pas atteinte alors la liste d'actions est exécutée puis la variable est augmentée de la valeur *pas* ».

**APPELER** nom

Appel de sous-programme. Le sous-programme dont le nom est mentionné est appelé. Quand son exécution est terminée l'exécution se poursuit à la ligne qui suit l'appel.

**PROGRAMME** action1, action2 .. **FINPROGRAMME**

Écriture du corps du programme principal entre les mots PROGRAMME et FIN-PROGRAMME.

**SOUSPROGRAMME** action1, action2 .. **FINSOUSPROGRAMME**

Un sous-programme commence avec le mot SOUSPROGRAMME et se termine par FINSOUSPROGRAMME.

Le mot FINSOUSPROGRAMME permet de retourner au programme ayant demandé l'appel.

**TERMINER**

Cette action conduit immédiatement à FINSOUSPROGRAMME. C'est-à-dire qu'elle arrête l'exécution du sous-programme. Elle permet la gestion d'exceptions, d'anomalies de fonctionnement...

## II. Imbrication

Toutes les pseudo-instructions décrites ci-dessus peuvent en contenir d'autres.
Un programme qui ne serait que séquentiel (sous forme d'une simple liste d'actions) ne contiendrait que des instructions de premier niveau.
L'appel à l'une des structures met toutes les actions au niveau + 1 par rapport au niveau précédent.
La fermeture d'une structure ramène les actions au niveau précédent l'appel.

## III. Indentation

Le texte est indenté (décalé à droite) à chaque fois que l'on progresse d'un niveau d'imbrication. Lorsque le programme est complexe, l'indentation en donne une vue meilleure. Naturellement utilisée dans les programmes de haut niveau (C, Pascal...), l'indentation est rarement mise en œuvre dans l'écriture de programmes assembleur.

Imprimé en France par I.M.E. 25110 Baume-les-Dames
Dépôt légal : 54022/01/2005 - Collection 53 - Édition 01
18/0256/0